인포그래픽
요리책

인포그래픽 요 리 책

레시피 **없이** 만드는
서양 요리와 디저트

베르트랑 로케, 안 로르 에스테브 지음

강현정 옮김

CITRON MACARON

The Kitchen

Contents

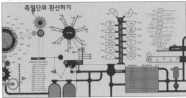

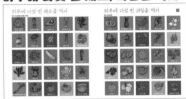
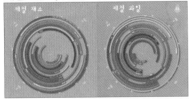

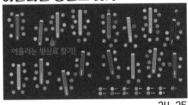

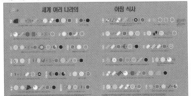

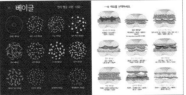

크로크 무슈

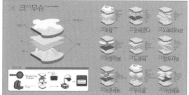

38-39

핫도그

40-41

햄버거

42-43

오픈 샌드위치

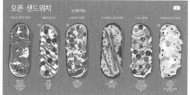

44-45

샐러드

46-47

비네그레트 그리고 소스들

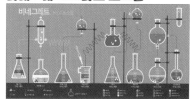

48-49

키슈 & 타르트

50-51

피자

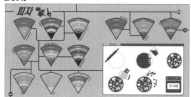

52-53

파운드케이크

54-55

아페리티프 타임

56-57

시푸드 플래터

58-59

생선⋯ 재움 양념

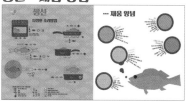

60-61

정육 부위 명칭 ①

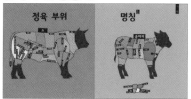

62-63

정육 부위 명칭 ②

64-65

소고기/어울리는 스테이크 소스는?

66-67

로스트 치킨… 곁들이기 좋은 음식

68-69

꼬치 요리

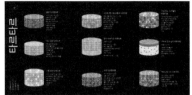

70-71

타르타르

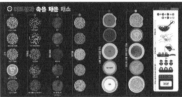

72-73

미트볼과 속을 채운 채소

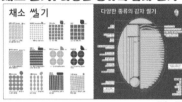

74-75

채소 썰기 / 다양한 종류의 감자 썰기

76-77

수프

78-79

마키와 스시

80-81

달걀

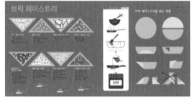

82-83

브릭 페이스트리

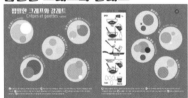

84-85

짭짤한 크레프와 갈레트

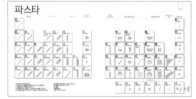

86-87

파스타

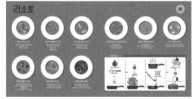

88-89

리소토

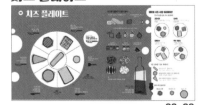

90-91

치즈 플레이트

92-93

아이스크림 컵

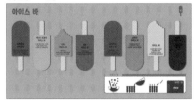

94-95

아이스 바

96-97

트리플

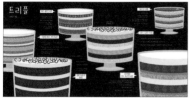

98-99

타르트

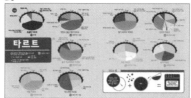

100-101

요거트 케이크

102-103

초콜릿 ①

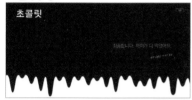

104-105

초콜릿 ②

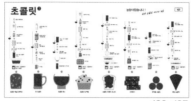

106-107

쿠키

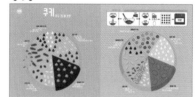

108-109

와플

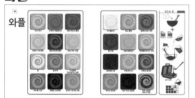

110-111

머그 케이크

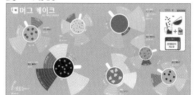

112-113

컵 케이크

114-115

밀크 셰이크

116-117

커피

118-119

차/맛있는 차 레시피

120-121

언제나 사랑받는 클래식 칵테일

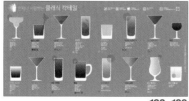

122-123

샴페인 베이스의 칵테일

124-125

샷, 슈터

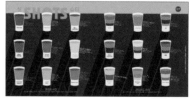

126-127

이상적인 주방의

자르기

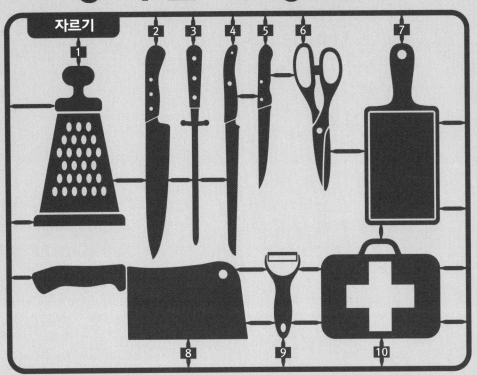

계량하기

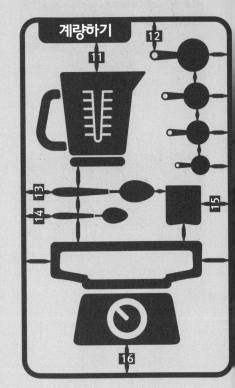

익히기

조리도구 구성

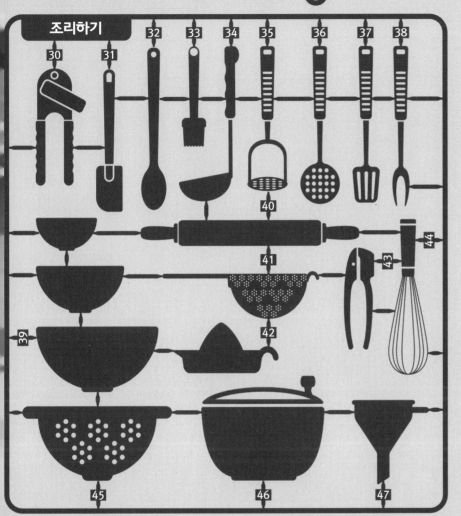

조리하기

1 다목적 강판	28 웍, 중식 팬
2 셰프 나이프	29 오븐용 그라탱 용기
3 칼갈이	30 캔 오프너
4 빵칼	31 알뜰 주걱
5 소형 칼, 페어링 나이프	32 나무 주걱
6 주방 가위	33 주방용 붓
7 도마	34 국자
8 뼈 절단용 대형 칼,	35 감자 으깨기
클리버 나이프	36 거품 국자
9 감자 필러	37 뒤집개
10 구급 상자	38 카빙 포크
11 계량 용기	39 샐러드 볼, 스텐 볼
12 계량컵	40 파티스리용 밀대
13 테이블스푼	41 체망
14 티스푼	42 레몬즙 짜개
15 유리컵	43 마늘 다지기
16 저울	44 거품기
17 무쇠 냄비	45 채반
18 곰솥	46 야채 탈수기
19 압력솥	47 깔때기
20 샤를로트 틀	48 치즈용 칼
21 분리형 케이크 틀	49 아이스크림 스쿱
22 타르트 팬	50 피자 커터
23 머핀틀	51 병따개
24 파운드케이크 틀	52 오븐용 장갑
25 프라이팬	53 오븐용 손잡이, 받침
26 우묵한 소테팬	54 와인 오프너
27 뚜껑 있는 편수 냄비	55 소금, 후추통
	56 요리책

서빙하기

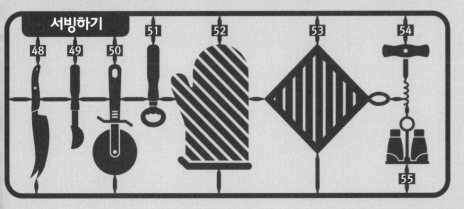

아이디어 얻기

인포그래픽
요리책

← ······· ┤ 일인당 60~70cm ├ ······· →

후추통

소금통

치즈용 나이프

버터 나이프

빵 접시

디저트용 스푼

냅킨의 위치:

점심 식사일 경우는 접어서 접시 위에,
저녁 식사의 경우는 접어서 커틀러리의
왼쪽에 놓는다.

샐러드 포크

생선용 포크

육류용 포크

커틀러리:
테이블 가장자리에서
5cm 안쪽으로 정렬한다.

접시:
테이블 가장자리에서
2cm 안쪽에 맞춰
놓는다.

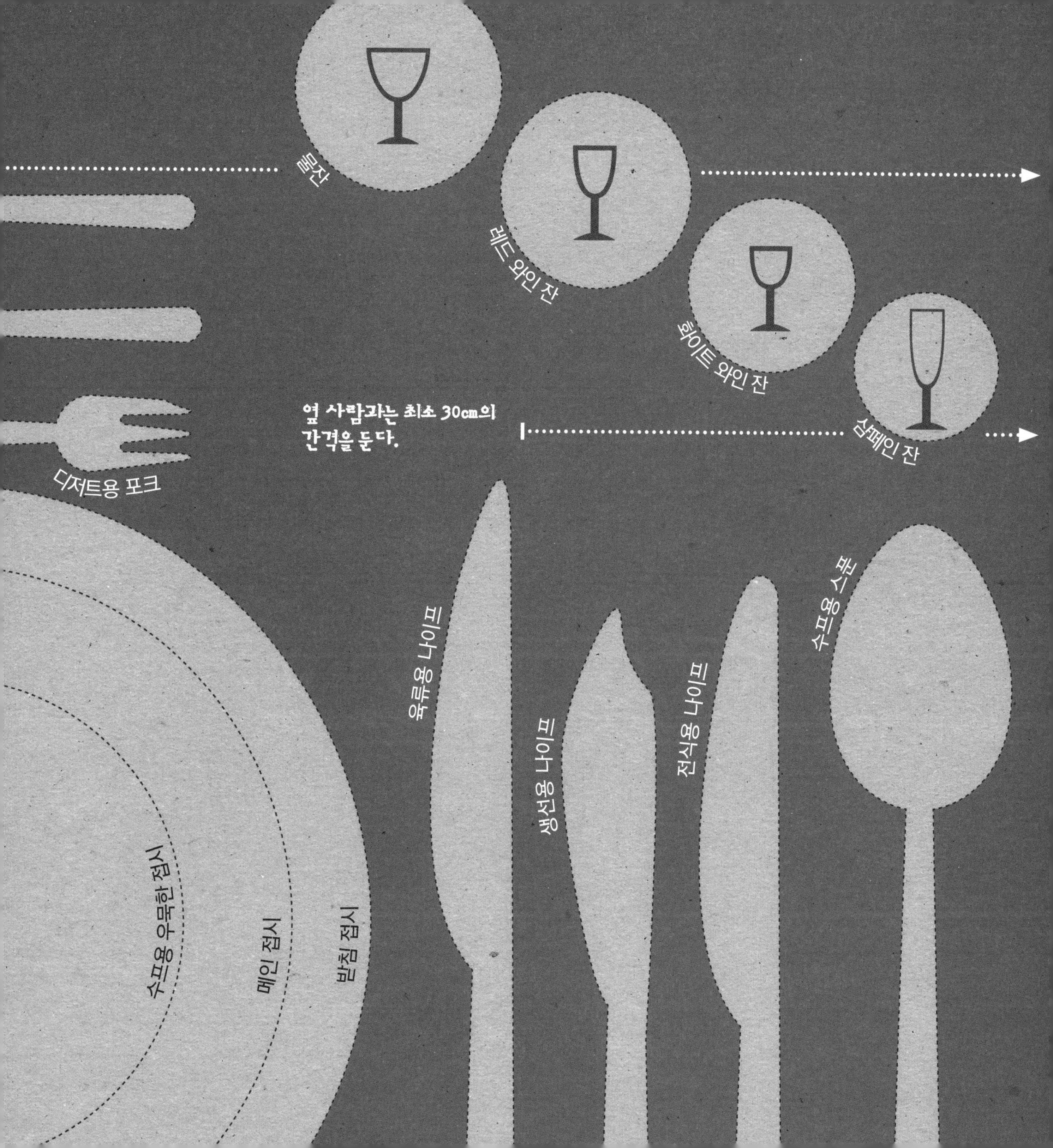

물잔

레드 와인 잔

화이트 와인 잔

샴페인 잔

디저트용 포크

옆 사람과는 최소 30cm의 간격을 둔다.

육류용 나이프

생선용 나이프

전식용 나이프

수프용 스푼

수프용 우묵한 접시

메인 접시

받침 접시

측정단위 환산하기

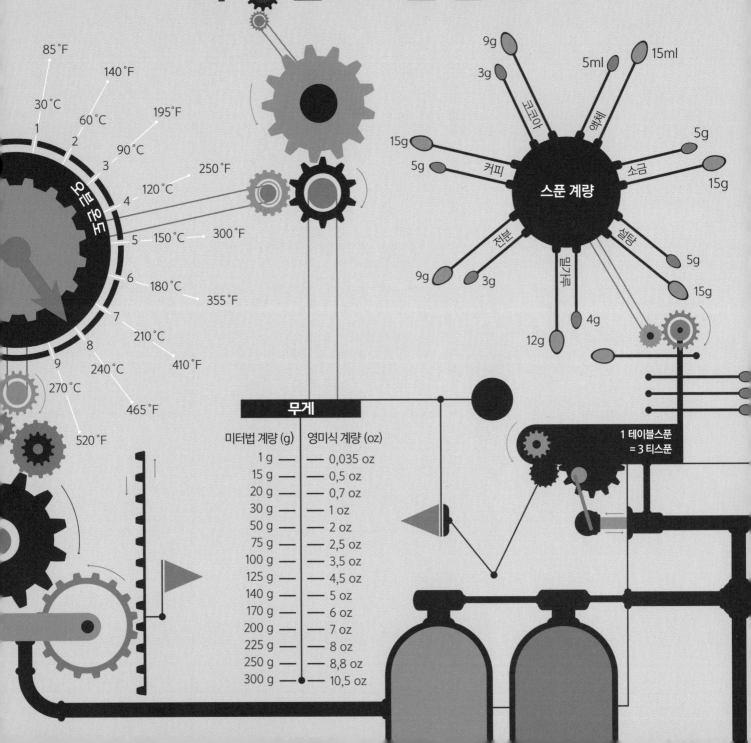

85°F
140°F
30°C
60°C
195°F
1
2
90°C
3
250°F
120°C
4
5 150°C 300°F
6 180°C
355°F
7
210°C
8 240°C 410°F
9
270°C
465°F
520°F

오븐 온도

9g
3g
5ml
15ml
5g
15g
5g
코코아
액체
커피
소금
스푼 계량
15g
전분
설탕
9g
밀가루
3g
5g
4g
15g
12g

무게

미터법 계량 (g)	영미식 계량 (oz)
1 g	0,035 oz
15 g	0,5 oz
20 g	0,7 oz
30 g	1 oz
50 g	2 oz
75 g	2,5 oz
100 g	3,5 oz
125 g	4,5 oz
140 g	5 oz
170 g	6 oz
200 g	7 oz
225 g	8 oz
250 g	8,8 oz
300 g	10,5 oz

1 테이블스푼
= 3 티스푼

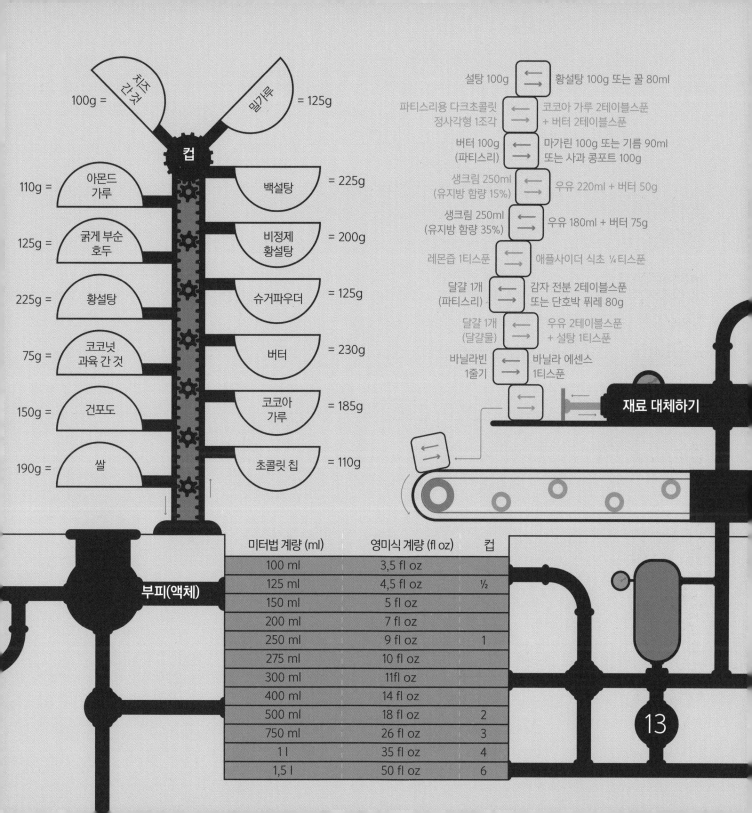

컵

100g = 치즈 간 것

밀가루 = 125g

110g = 아몬드 가루

125g = 굵게 부순 호두

225g = 황설탕

75g = 코코넛 과육 간 것

150g = 건포도

190g = 쌀

백설탕 = 225g

비정제 황설탕 = 200g

슈거파우더 = 125g

버터 = 230g

코코아 가루 = 185g

초콜릿 칩 = 110g

재료 대체하기

설탕 100g ← 황설탕 100g 또는 꿀 80ml

파티스리용 다크초콜릿 정사각형 1조각 ← 코코아 가루 2테이블스푼 + 버터 2테이블스푼

버터 100g (파티스리) ← 마가린 100g 또는 기름 90ml 또는 사과 콩포트 100g

생크림 250ml (유지방 함량 15%) ← 우유 220ml + 버터 50g

생크림 250ml (유지방 함량 35%) ← 우유 180ml + 버터 75g

레몬즙 1티스푼 ← 애플사이더 식초 ¼티스푼

달걀 1개 (파티스리) ← 감자 전분 2테이블스푼 또는 단호박 퓌레 80g

달걀 1개 (달걀물) ← 우유 2테이블스푼 + 설탕 1티스푼

바닐라빈 1줄기 ← 바닐라 에센스 1티스푼

부피(액체)

미터법 계량 (ml)	영미식 계량 (fl oz)	컵
100 ml	3,5 fl oz	
125 ml	4,5 fl oz	½
150 ml	5 fl oz	
200 ml	7 fl oz	
250 ml	9 fl oz	1
275 ml	10 fl oz	
300 ml	11fl oz	
400 ml	14 fl oz	
500 ml	18 fl oz	2
750 ml	26 fl oz	3
1 l	35 fl oz	4
1,5 l	50 fl oz	6

13

냉장고 정리하기

마요네즈, 내장류,
소시지용 다짐육, 소시지,
다진 고기,
날생선 및 해산물

24시간

삶은 달걀,
개봉한 멸균 우유,
개봉한 프레시 치즈,
개봉한 뒤 다시 밀봉해 둔 요거트,
씻어 둔 허브,
일반 채소류

6일

달걀, 햄,
개봉한 후 다시 밀봉해 둔
프레시 치즈

1~3주

냉장 보관하세요!
아티초크, 아스파라거스, 가지,
브로콜리, 당근, 셀러리, 체리, 버섯,
밤, 양배추, 플라워라워, 오이,
주키니 호박, 딸기, 강낭콩,
엔다이브, 리치, 옥수수,
순무, 리크(서양 대파),피망,
사과, 무, 포도,
샐러드용 상추류

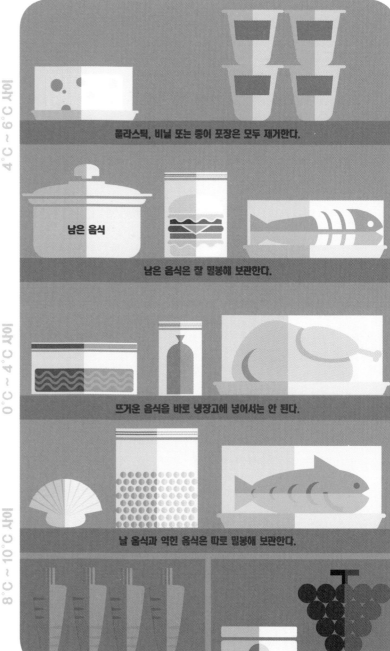

4°C ~ 6°C 사이

플라스틱, 비닐 또는 종이 포장은 모두 제거한다.

남은 음식

남은 음식은 잘 밀봉해 보관한다.

0°C ~ 4°C 사이

뜨거운 음식을 바로 냉장고에 넣어서는 안 된다.

8°C ~ 10°C 사이

날 음식과 익힌 음식은 따로 밀봉해 보관한다.

한 달에 한두 번 정도는 냉장고 안의 성에를 제거하고,
따뜻한 물과 흰 식초를 사용하여 깨끗이 닦아준다.

냉장고의 칸마다 너무 많은 재료를 넣지 않는다.
공기가 순환될 수 있는 공간이 필요하다.

냉장 보관한 음식이나 재료를 너무 오랫동안 냉장고 밖에 두지 않는다.

6℃ ~ 8℃ 사이

유효기간이 얼마 남지 않은 식품은 눈에 잘 보이도록 앞쪽에 배치해둔다.

48시간
익히지 않은 육류, 익힌 생선,
파티스리류, 소스가 있는 음식,
케이크류, 남은 음식

3일
익힌 육류, 슬라이스한 샤퀴트리류,
익히지 않은 닭, 생과일 주스, 키슈,
타르트, 고기 베이스 소스, 콩나물,
다듬은 채소

4~5일
먹고 남은 닭고기, 닭 가슴살,
파테, 리예트, 시금치, 엔다이브,
샐러드용 상추류, 생크림,
포장을 개봉한 과일 주스

12개월
케첩, 시판용 비네그레트 소스,
마가린

상온에 보관하세요 !
살구, 시트러스류 과일, 마늘,
아몬드, 파인애플, 아보카도,
바나나, 호박, 키위, 멜론,
천도복숭아, 호두, 양파,
고구마, 복숭아, 배,
감자, 자두, 토마토

균형 잡힌...

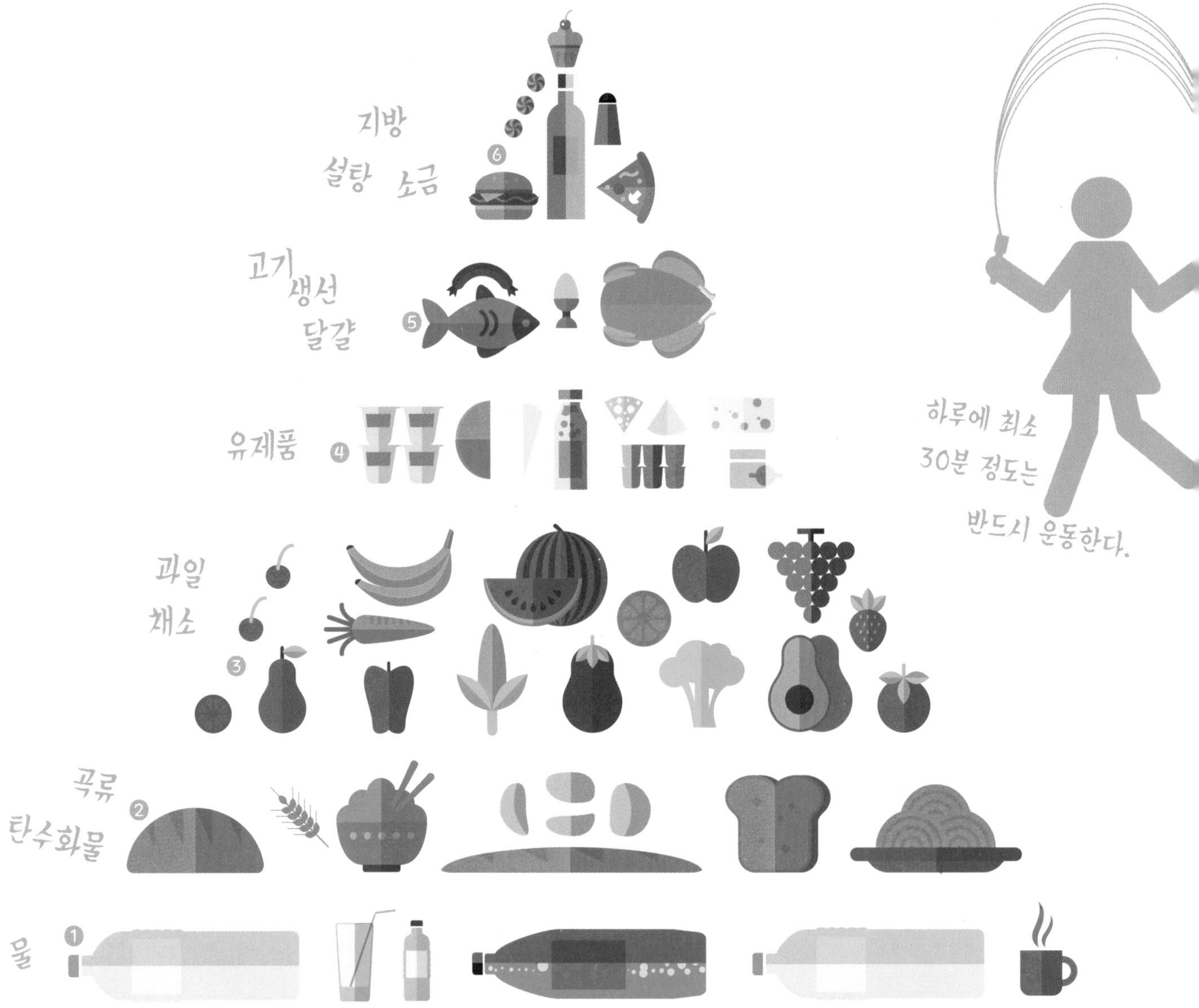

지방
설탕 소금

⑥

고기
생선
달걀

⑤

유제품 ④

과일
채소

③

곡류
탄수화물

②

물 ①

하루에 최소
30분 정도는
반드시 운동한다.

❶ 물은 식사 사이에 또는 식사 중에 되도록 많이 마신다(하루에 1.5~2리터). ❷ 곡류와 탄수화물은 식성에 따라 매 끼 섭취한다.
❸ 과일과 채소는 하루에 적어도 5회 이상 섭취한다. ❹ 유제품은 하루에 3개 정도 섭취한다. ❺ 고기, 생선, 달걀 등의 단백질
을 하루에 1~2회 섭취한다. ❻ 지방, 소금, 설탕은 제한하여 섭취한다.

식생활

요거트 또는
프로마주 블랑 1개
또는 우유 1잔

과일 주스 1잔
또는 과일 1개

빵, 또는 시리얼

아침 식사

고기, 생선,
또는 달걀 1인분 (100g)

생 채소 또는 익힌 채소
1인분 (100g)

치즈 30g 또는 요거트 1개,
또는 프로마주 블랑 1개

탄수화물

과일 1개

물은 양껏

점심 식사

빵, 또는 시리얼

과일 또는 과일 콩포트 1개

요거트 또는
치즈 1조각
또는 프로마주 블랑 1개

물은 양껏

간식(선택)

생 채소 또는 익힌 채소
1인분 (100g)

고기, 생선,
또는 달걀 1인분 (100g)

치즈 30g 또는 요거트 1개,
또는 프로마주 블랑 1개

탄수화물

과일 1개

물은 양껏

저녁 식사

하루에 다섯 번 채소를 먹자

채소 1회 섭취량 (생 채소 기준)

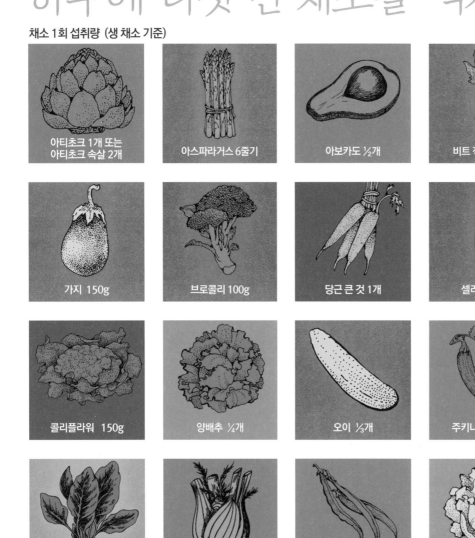

아티초크 1개 또는
아티초크 속살 2개

아스파라거스 6줄기

아보카도 ½개

비트 작은 것 ½개

근대 150g

가지 150g

브로콜리 100g

당근 큰 것 1개

셀러리 125g

작은 양송이버섯 10개

콜리플라워 150g

양배추 ¼개

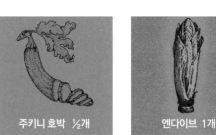

오이 ⅓개

주키니 호박 ½개

엔다이브 1개

시금치 125g

펜넬 ½개

그린빈스 125g

양상추 1송이

작은 순무 150g

리크(서양 대파) 흰부분 1줄기

호박 150g

작은 피망 1개

중간 크기 토마토 1개

채소 수프 1작은 볼

하루에 다섯 번 과일을 먹자

과일 1회 섭취량

 살구 큰 것 2개

 파인애플 슬라이스 3조각

 바나나 1개

 체리 10~15알

 귤 2개

 무화과 3개

 딸기 6~8개

 라즈베리 2줌

 레드커런트 2줌

 과일 주스 200ml

 키위 2개

 망고 ½개

 멜론 ½개

 미라벨 자두 6개

 블랙베리 2줌

 블루베리 2줌

 자몽 ½개

 수박 슬라이스 1조각

 복숭아 또는 천도복숭아 1개

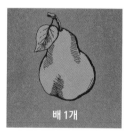 배 1개

 사과 1개

 자두 3개

 포도 15알

 과일 콩포트 1인분

 과일 샐러드 1작은 볼

제철 채소

마늘, 양파, 당근, 셀러리, 사보이 양배추, 적채, 순무, 감자

1월
2월
3월
4월
봄
5월
6월
7월
여름
8월
9월
10월
가을
11월
12월

회향 · 다홍화
꽃양배추
파스닙
리크

검정 무
엔다이브 · 로셀러드

양상추
껍질콩
아스파라거스

래디시, 뱃물
시금치
오이
비트
근대
아티초크
브로콜리, 콜리플라워
가지, 주키니 호박, 피망
토마토
그린빈스
완두콩

제철 과일

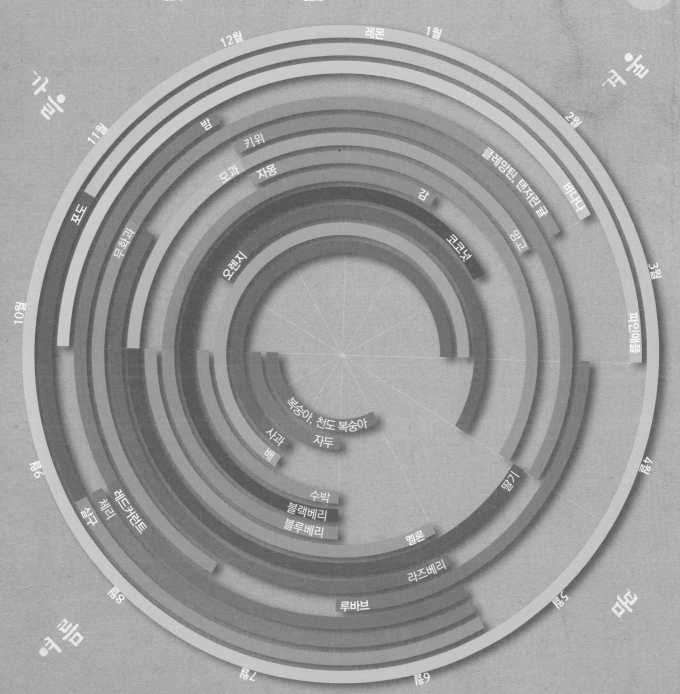

봄
여름
가을
겨울

1월
2월
3월
4월
5월
6월
7월
8월
9월
10월
11월
12월

레몬
클레망틴, 탠저린 귤
바나나
파인애플
망고
귤코넛
감
딸기
멜론
라즈베리
루바브
블루베리
블랙베리
수박
자두
복숭아, 천도 복숭아
배
사과
레드커런트
체리
살구
오렌지
무화과
포도
모과
자몽
키위
밤

요리에 어울리는 허브 궁합

22

딜
바질
차이브
처빌
고수
타라곤
월계수 잎
민트
오레가노
파슬리
로즈마리
세이지
타임
버베나

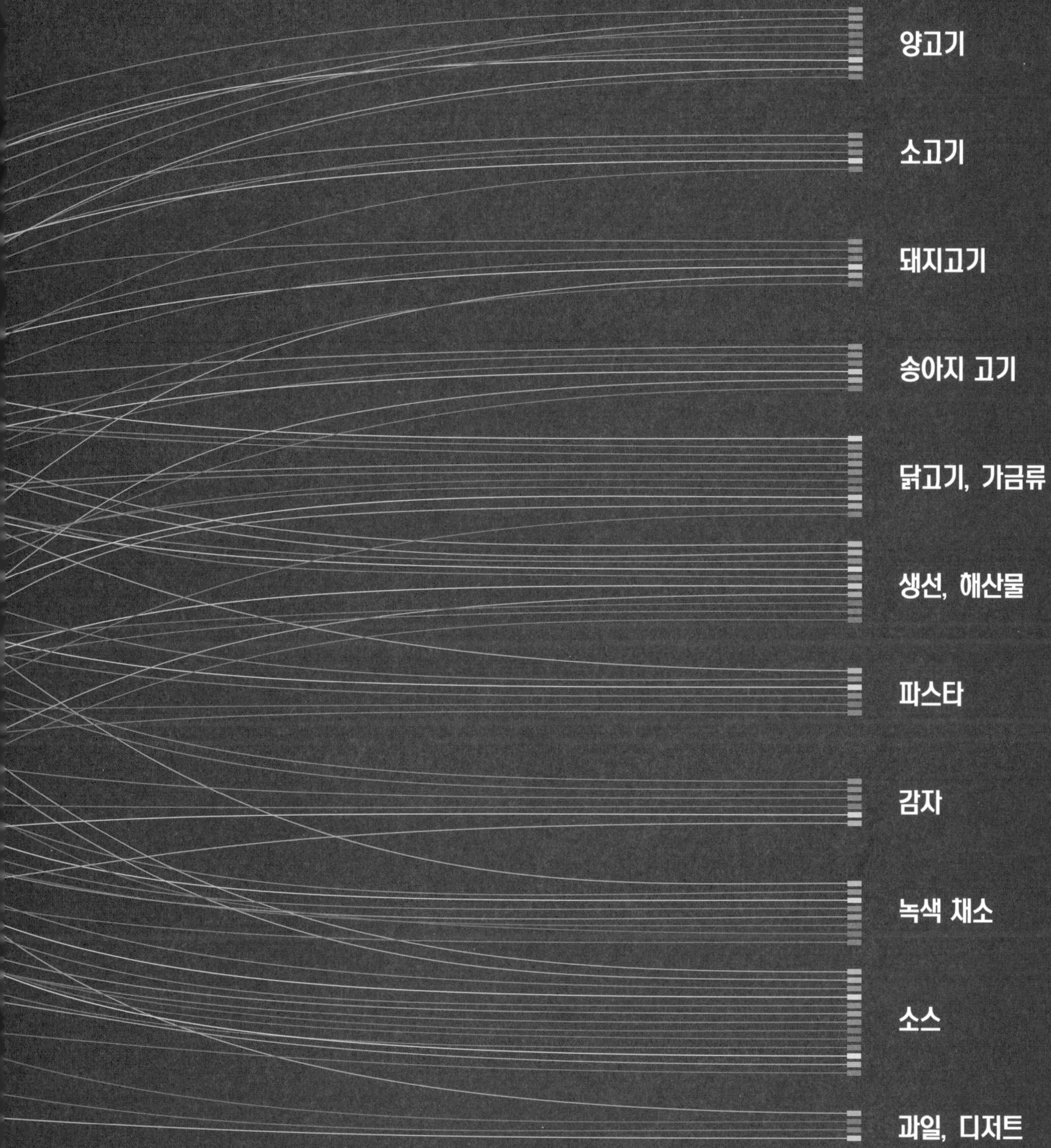

양고기

소고기

돼지고기

송아지 고기

닭고기, 가금류

생선, 해산물

파스타

감자

녹색 채소

소스

과일, 디저트

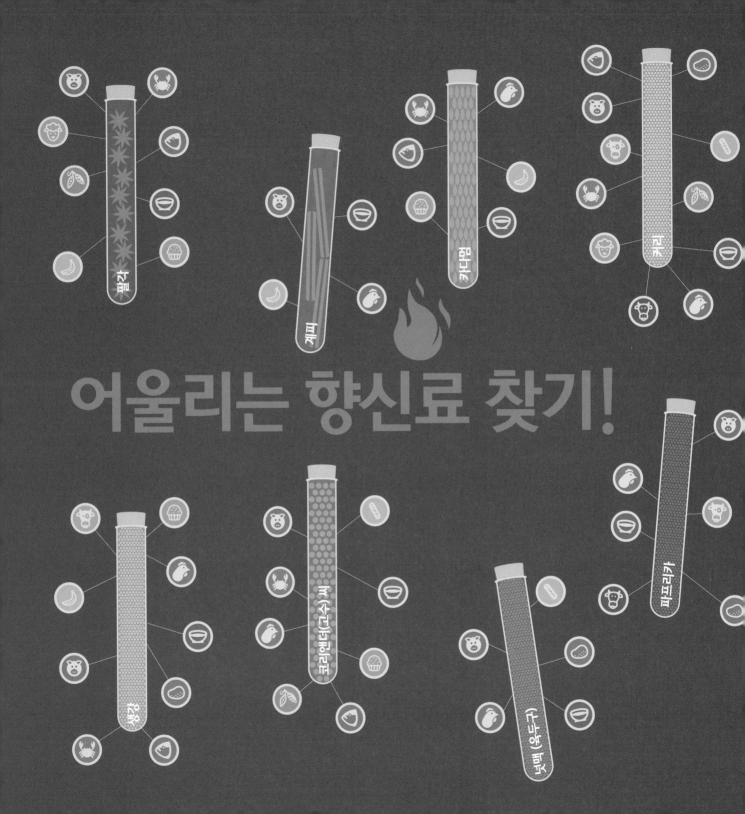

어울리는 향신료 찾기!

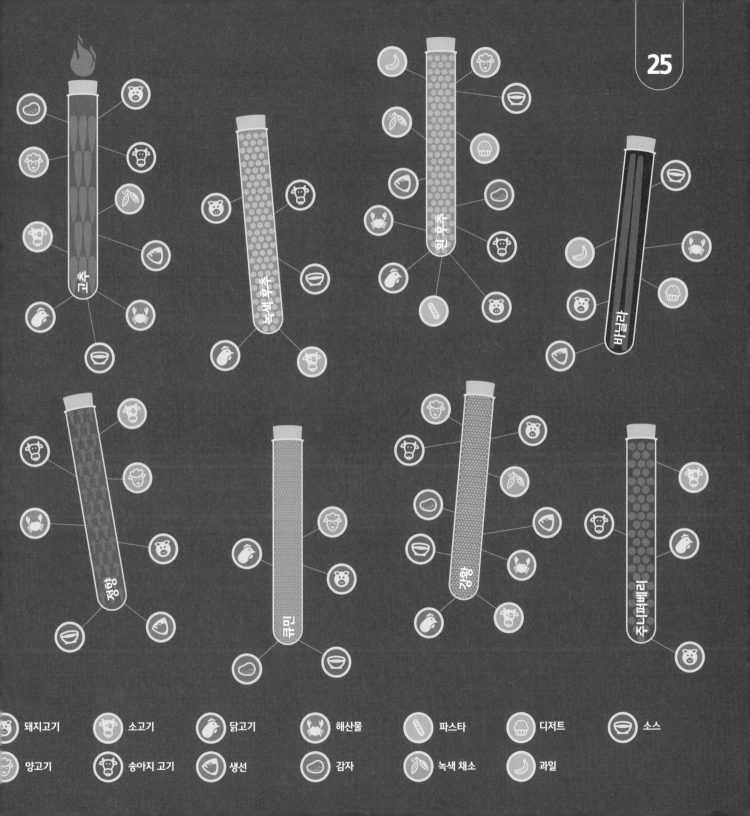

돼지고기 · 소고기 · 닭고기 · 해산물 · 파스타 · 디저트 · 소스
양고기 · 송아지 고기 · 생선 · 감자 · 녹색 채소 · 과일

요리에 어울리는 와인 찾기

조개 및 갑각류

생선

흰 살 육류

붉은 살 육류

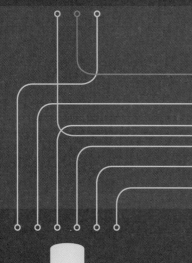

드라이 화이트 와인

발레 드 라 루아르 (Vallée de la Loire), 알자스(Alsace), 부르고뉴 (Bourgogne), 보졸레(Beaujolais), 쥐라(Jura), 사부아(Savoie), 론(Rhône), 랑그독 루시옹 (Languedoc Roussillon), 프로방스(Provence), 코르스(Corse), 쉬드 우에스트 (Sud-Ouest), 보르도(Bordeaux)

스위트 화이트 와인

발레 드 라 루아르 (Vallée de la Loire), 알자스(Alsace), 쉬드 우에스트 (Sud-Ouest), 보르도(Bordeaux)

스파클링 화이트 와인

발레 드 라 루아르 (Vallée de la Loire), 랑그독 루시옹 (Languedoc Roussillon), 보르도(Bordeaux)

구운 고기　　　　연성 치즈　　　　경성 치즈　　　　푸른 곰팡이 치즈

상파뉴(Champagne)

발레 드 라 루아르
(Vallée de la Loire),
알자스(Alsace),
부르고뉴
(Bourgogne),
보졸레(Beaujolais),
쥐라(Jura),
사부아(Savoie),
론(Rhône),
랑그독 루시옹
(Languedoc
Roussillon),
프로방스(Provence),
코르스(Corse),
쉬드 우에스트
(Sud-Ouest),
보르도(Bordeaux)

발레 드 라 루아르
(Vallée de la Loire),
랑그독 루시옹
(Languedoc
Roussillon),
프로방스(Provence),
코르스(Corse),
쉬드 우에스트
(Sud-Ouest)

세계 여러 나라의

독일

검은 호밀빵 + 참깨빵 + 살라미 + 햄 + 소시지 + 모르타델라 소시지 + 치즈 + 커피 또는 우유 또는 코코아

세네갈

조 죽 + 투바 커피

영국

달걀 + 베이컨 + 토마토 + 토마토 소스 베이크드 빈 + 홈 프라이스 + 토스트 + 티

케냐

플랫 브레드 + 조 죽 + 과일 + 차

호주

시리얼 + 요거트 + 토스트 + 잼 + 베지마이트[1] + 과일 주스 + 밀크티 또는 커피

이집트

풀메다메스[2] + 피타 브레드 + 차

베트남

쌀국수(포) + 양파 초절임

브라질

파파야, 망고, 수박 등의 과일 + 토스트 + 잼 또는 꿀 + 햄 + 과일 주스 + 커피

쿠바

열대과일 + 토스트 + 버터 + 과일 주스 + 밀크 커피

이탈리아

크루아상 (cornetto) + 커피 또는 카푸치노

한국

쌀밥 + 국 + 김치

캐나다

오트밀 + 요거트 + 붉은 베리류 과일 + 달걀 프라이 + 베이컨 + 잼 + 커피

볼리비아

실테냐[3], 망고, 파인애플, 파파야 + 아파[4]

1) vegemite: 이스트 추출물에 소금, 야채즙을 더해 만드는 크림 타입의 스프레드. 호주에서 즐겨먹는 이 짙은 갈색의 찐득한 스프레드는 독특한 냄새와 짭짤한 맛을 갖고 있다. 2) ful medames: 잠두콩에 오일, 큐민, 파슬리, 마늘, 양파, 레몬, 칠리 등을 넣어 만든 이집트 요리. 3) saltenas : 양념한 고기와 콩, 달걀, 올리브, 건포도, 감자 등으로 소를 채워 구운 볼리비아식 엠파나다. 4) api morado: 자색 옥수수 가루와 계피, 설탕, 물을 넣어 만든 볼리비아의 걸쭉한 음료.

아침 식사

스페인

마늘빵, 토마토 빵, 올리브오일 빵 + 치즈, 햄 또는 소시지 + 밀크 커피
또는 계피를 넣은 핫 초콜릿

인도

도사¹ + 삼바르² + 처트니 + 차

1) dosa: 주로 쌀과 검은
렌틸콩으로 만든 묽은 반
죽을 발효하여 만드는 인
도의 크레페.
2) sambar: 렌틸콩을 주
재료로 만든 인도의 채소
스튜 또는 수프.

일본

미소 장국 + 연어 구이 + 두부 + 채소 절임 + 쌀밥 + 녹차

중국

죽 + 피단 / 볶음면 + 요우티아오³, 만두 + 차

프랑스

바게트 + 버터 + 잼 + 크루아상 + 오렌지 주스 + 커피

이란

라바슈⁴ + 치즈 + 버터 + 잼 + 달콤한 차

미국

팬케이크 또는 도넛 + 메이플 시럽 또는 피넛 버터 + 스크램블드 에그 + 베이컨 + 아메리카노 커피

필리핀

망고 + 쌀밥 + 달걀 프라이 + 필리핀식
스위트 소시지

터키

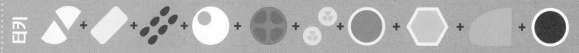

치즈 + 버터 + 올리브 + 달걀 프라이 + 토마토 + 오이 + 잼 + 꿀 + 빵 + 커피

모로코

바기르⁵ + 꿀 + 녹인 버터 + 치즈 + 계피를 넣은 오렌지 샐러드 + 민트차

러시아

올라디⁶ + 잼 + 요거트 + 훈제 생선 + 진한 밀크타

3) 油條: 밀가루 반죽을 길게 늘여 튀긴 빵으로 중국에서 두유와 곁들여 아침 식사로 즐겨 먹는다. 4) lavash: 화덕에 구운 얇고 부드러운 플랫 브레드로 이란, 터키, 아르메니아 등지에서 즐겨먹는다.
5) baghir: 세몰리나 가루, 소금, 이스트를 넣은 반죽을 발효하여 만든 모로코식 팬케이크. 익혔을 때 작은 기공이 생기며, 주로 꿀과 버터를 혼합해 찍어 먹는다. 6) oladis: 러시아식 팬케이크.

스무디

트로피칼 Tropical
- 얼음 4조각
- 망고 100g
- 오렌지 주스 20ml
- 파인애플 25g
- 바나나 ¼개
- 코코넛 밀크 50ml

스트로베리 필드
    Strawberry fields
- 얼음 4조각
- 딸기 80g
- 바나나 ¼개
- 사탕수수 설탕 1티스푼
- 우유 50ml
- 민트 잎 5장

말차 Matcha
- 얼음 2조각
- 말차가루 1 티스푼
- 시금치 잎 두 줌
- 아몬드 밀크 150ml
- 아보카도 ½개
- 꿀 1테이블스푼

서머선 Summer sun
- 얼음 4조각
- 멜론 ¼개
- 바닐라 에센스 ½티스푼
- 복숭아 ½개
- 살구 1개
- 오렌지 주스 50ml
- 통후추 그라인드 한 바퀴

시트러스 Citrus
- 얼음 4조각
- 자몽 주스 50ml
- 오렌지 주스 20ml
- 레몬즙 10ml
- 바나나 ½개
- 우유 30ml
- 아가베 시럽 1티스푼

베리 믹스 Fruits rouge
- 얼음 4조각
- 라즈베리 5개
- 블랙베리 5개
- 오렌지 주스 10ml
- 딸기 3개
- 사과 주스 30ml
- 블루베리 10개
- 생크림 1테이블스푼

만드는 법

+

+

=

맛 좀 보세요

디톡스 Détox
- 얼음 4조각
- 포도 ½송이
- 석류 ½개
- 블루베리 50g
- 레몬즙 약간
- 사과 ½개

차이 Chaï
- 얼음 4조각
- 생강가루 ¼티스푼
- 바나나 2개
- 바닐라 에센스 1티스푼
- 아몬드 밀크 150ml
- 계피가루 ¼티스푼
- 카다멈 가루 1꼬집
- 넛멕 가루 1꼬집

레드 토마토 Rouge tomate
- 얼음 4조각
- 당근 ½개
- 소금 1꼬집
- 토마토 1개
- 셀러리 ¼줄기
- 우스터 소스 ½티스푼
- 레몬즙 10ml
- 고수 잎 15장

드래곤 푸르트 Fruit du dragon
- 얼음 4조각
- 용과 ½개
- 바나나 1개
- 파인애플 40g
- 코코넛 밀크 120ml
- 레몬즙 10ml

스페큘러스* Spéculoos
- 얼음 4조각
- 바나나 ½개
- 스페큘러스 쿠키 2개
- 메이플시럽 1티스푼
- 사과 주스 50ml
- 플레인 요거트 1개

* speculoos: 캐러멜과 계피 맛의 벨기에 쿠키. 한국에서는 로터스라는 이름으로 더 유명하며, 주로 커피에 곁들여 먹는다.

톱 파이버 Top fibres
- 얼음 4조각
- 당근 1개
- 오렌지주스 100ml
- 오이 ¼개
- 사과 1개
- 올리브오일 한 바퀴

진지 Zingy
- 얼음 4조각
- 소금 한 꼬집
- 오이 ¼개
- 생강가루 1꼬집
- 라임 셔벗 1스쿱
- 바질 잎 3장
- 민트 잎 3장

오 베르 Au vert
- 얼음 4조각
- 꿀 1티스푼
- 시금치 어린 잎 2줌
- 바나나 1개
- 키위 1개
- 생강(0.5cm) 간 것
- 라이스 밀크 150ml

아보카도 Avocado
- 얼음 4조각
- 올리브오일 한 바퀴
- 오이 ¼개
- 아보카도 ½개
- 로즈마리 1줄기
- 라임즙 10ml

샌드위치

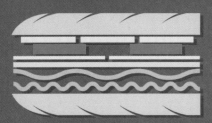

햄 채소 샌드위치

바게트 / 오이 / 토마토 / 에멘탈 치즈 /
익힌 햄 / 양상추 / 마요네즈 / 바게트

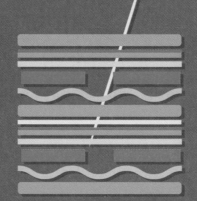

클럽 샌드위치

구운 식빵 / 구운 베이컨 /
구운 칠면조 가슴살 / 토마토 /
채 썬 양상추 / 구운 식빵 / 체다 치즈 /
구운 베이컨 / 구운 칠면조 가슴살 /
토마토 / 양상추 / 구운 식빵

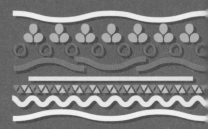

치킨 퀘사디아

토르티야 / 고수 잎 / 할라피뇨 고추 /
붉은 피망 / 체다 치즈 / 구운 닭고기 /
생크림 / 토르티야

쿠바 샌드위치

브레드 롤 / 홀그레인 머스터드 / 생크림 /
코르니숑 오이 피클 / 풀드 포크 /
채 썬 당근 / 가늘게 간 에멘탈 치즈 /
브레드 롤

스칸디나비아 샌드위치

스웨덴식 폴라 브레드 / 채 썬 셀러리 /
채 썬 사과 / 생크림 / 홀스래디시 /
훈제 청어 / 양상추 / 폴라 브레드

케밥 샌드위치

피타 브레드 / 화이트 소스 / 토마토 /
양파 / 파프리카, 커리, 타임에 재워 구운 뒤
잘게 찢은 송아지 고기 / 양상추 /
피타 브레드

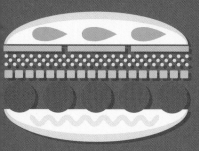

피타 브레드 팔라펠 샌드위치

피타 브레드 / 고수 잎 / 적양파 /
타불레 / 옥수수 알갱이 / 팔라펠 /
그릭 요거트 / 피타 브레드

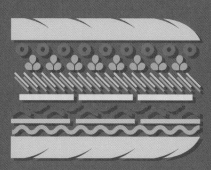

반미

바게트 / 붉은 고추 / 고수 잎 / 무 초절임 /
당근 초절임 / 오이 /
달콤한 양념의 돼지고기 구이 식힌 것 /
베트남식 햄 / 마요네즈 / 바게트

팡 바냐

작은 사이즈의 둥근 캉파뉴 브레드 /
붉은 피망 / 캔 참치 / 안초비 / 쪽파 /
니스산 블랙 올리브 / 삶은 달걀 / 오이 /
토마토 / 쉬크린 양상추 /
올리브오일 비네그레트 /
작은 사이즈의 둥근 캉파뉴 브레드

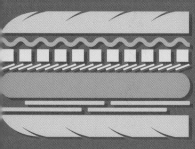

미트라이예트[1]

바게트 / 머스터드 / 페타 치즈 /
채 썬 양배추 / 프리카델[2] / 프렌치 프라이 /
바게트

비프 파히타

토르티야 / 생크림 / 타바스코 /
통조림 키드니 빈 / 다진 소고기 익힌 것 /
바비큐 소스 / 옥수수 알갱이 /
통조림 키드니 빈 / 토르티야

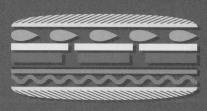

파르마 햄 파니니

치아바타 / 바질 잎 / 모차렐라 치즈 /
토마토 / 파르마 햄 / 올리브오일 / 치아바타

1) mitraillette: 바게트 안에 고기, 프렌치프라이, 소스 등을 채워 넣
   은 벨기에식 샌드위치.
2) fricadelle: 다진 돼지고기, 닭고기 등에 양파, 달걀, 빵가루 등을
   넣어 만든 벨기에식 미트볼. 소시지 형태로 만들어 익힌 뒤 바게
   트 샌드위치에 넣어 먹기도 한다.

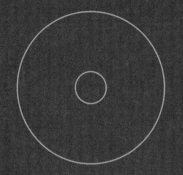

플레인 베이글

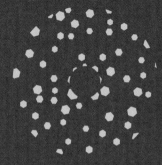

굵은 소금 베이글

마늘 베이글

칠리 치즈 베이글

양파 베이글

큐민 베이글

오트밀 베이글

참깨 베이글

해바라기씨 베이글

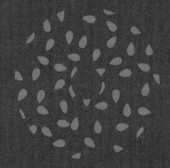

아마씨 베이글

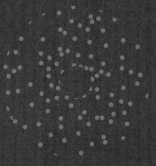

양귀비씨 베이글

캐러웨이씨 베이글

…속 재료를 선택하세요.

파스트라미 베이글
오이피클 / 파스트라미 /
양상추 / 머스터드

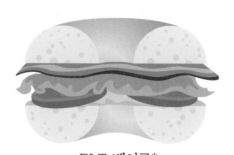

BLT 베이글*
구운 베이컨 / 양상추 / 토마토 /
마요네즈

* BLT = Bacon Lettuce Tomato (베이컨, 상추, 토마토)

훈제 터키햄 베이글
얇게 썬 터키 햄 / 양상추 / 오이 / 체다 치즈 /
적양파 / 플레인 크림 치즈

참치 베이글
오이 / 토마토 /
으깬 캔 참치 / 양상추

훈제 연어 베이글
양상추 / 아보카도 / 훈제 연어 /
적양파 / 차이브 크림 치즈

베지 베이글
새싹 채소 / 구운 가지 /
구운 주키니 호박 / 후무스 / 양상추

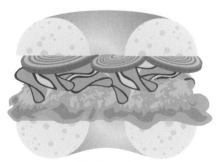

치킨 베이글
적양파 / 얇게 썬 훈제 닭고기살 /
구아카몰레 / 양상추

살라미 베이글
토마토 / 모차렐라 치즈 / 살라미 /
페스토 / 양상추

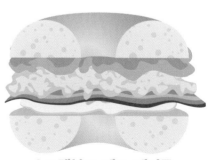

스크램블드 에그 베이글
양상추 / 스크램블드 에그 / 베이컨 /
플레인 크림 치즈

WRAPS 랩

36

타키 브레스트 랩 : 피타 브레드 + 차차키 + 얇게 썬 칠면조 가슴살 + 다진 줄기양파 + 민트 잎 + 다진 주키니 호박

훈제 연어 랩 : 라바쉬 플랫 브레드 + 루꼴라 + 차이브 크림 치즈 + 훈제 연어 + 채 썬 당근

치킨까스 랩 : 밀 토르티야 + 양상추 + 토마토 살사 + 마요네즈 + 빵가루 입혀 튀긴 닭 안심살 + 아보카도 슬라이스

비프 부리토 : 밀 토르티야 + 양상추 + 다진 소고기 익힌 것 + 다진 토마토 + 다진 녹색 피망 + 키드니 빈 + 고수 잎 + 타바스코

스프링 롤 : 라이스 페이퍼 + 양상추 + 채 썬 당근 + 가는 쌀국수 + 익힌 새우살 + 숙주 + 민트 + 고수

1. ZATZIKI: 요거트에 오이, 마늘, 허브, 식초 등을 넣어 만든 그리스 전통 소스
2. CHAPATI: 통밀가루를 반죽하여 둥글고 얇게 만들어 구워낸 인도의 플랫 브레드
3. RAITA A LA MENTHE: 요거트에 민트, 오이 등을 넣어 만드는 인도식 소스
4. TABOULE: 토마토, 파슬리, 세몰리나, 양파, 민트 등을 잘게 다져 레몬즙과 올리브오일로 드레싱한 중동식 샐러드

양고기 랩 : 피타 브레드 + 후무스 + 익힌 뒤 식혀서 굵게 다진 양 뒷다리 고기 + 양파 + 재서 다진 콜리플라워 + 다진 토마토

치킨 티카 랩 : 차파티² + 양상추 + 민트 라이타³ + 치킨 티카 마쌀라 굵게 다진 것 + 양파 + 재서 다진 콜리플라워 + 다진 토마토

돼지고기 랩 : 몸 토르티야 + 스윗 앤 사워 소스 + 구운 돼지고기 식혀서 굵게 다진 것 + 얇게 썬 적양파 + 깍뚝 썬 파인애플 + 베이비 콘

닭고기 랩 : 피타 브레드 양상추 마요네즈 다진 셀러리 사과 슬라이스 건포도 굵게 다진 호두 (닭가슴살 구운 뒤 식혀서 굵게 다진 것) 구운 피망 슬라이스 + 구운 가지 슬라이스 + 오이 스틱 + 타불레⁴ + 그릭 요거트 + 라바슈 플랫 브레드

베지테리언 랩 : 라바슈 플랫 브레드

크^{로크}무슈 Croque monsieur

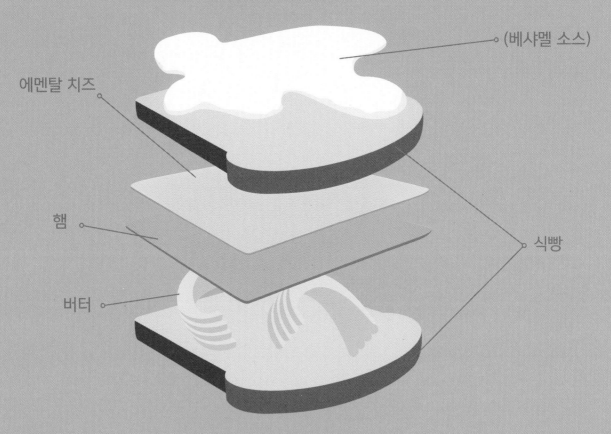

(베샤멜 소스)

에멘탈 치즈

햄

버터

식빵

만드는 법

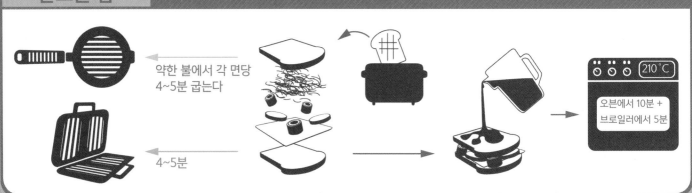

약한 불에서 각 면당
4~5분 굽는다

4~5분

오븐에서 10분 +
브로일러에서 5분

210℃

달걀 프라이
식빵
에멘탈 치즈
익힌 햄
버터
식빵

크 로크 Croque madame
마담

식빵
호두
오베르뉴
 블루 치즈
훈제 햄
버터
식빵

크 로크 Croque aubergnat
오베르냐

식빵
르블로숑 치즈
삶은 감자
버터
식빵

크 로크 Croque savoyard
사부아야르

식빵
모차렐라 치즈
파르마 햄
바질 페스토
식빵

크 로크 Croque italien
이탈리엥

식빵
에멘탈 치즈
훈제 연어
홀스래디시 소스
식빵

크 로크 Croque nordique
노르딕

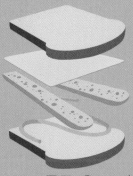

식빵
에멘탈 치즈
스트라스부르그
 소시지
머스터드
식빵

크 로크 Croque alsacien
알자시엥

식빵
코르니숑
라클레트 치즈
하몽 또는 프로슈토
버터
식빵

크 로크 Croque raclette
라클레트

달걀 프라이
식빵
원통형 염소 치즈
 슬라이스
볶은 리크(서양 대파)
버터
식빵

크 로크 Croque poireau
푸아로

식빵
카망베르 치즈
사과 슬라이스
염장 건조햄
가염 버터
식빵

크 로크 Croque camembert
카망베르

핫도그

시카고 스타일

양귀비씨를 얹은 번
비프 소시지
토마토
핫도그 렐리시*
오이 피클
셀러리 솔트**
머스터드

뉴욕 스타일

핫도그 번
비프 소시지
다진 양배추
잘게 썬 양파
잘게 썬 마늘
체다 치즈
케첩
머스터드

클래식

핫도그 번
비프 소시지
케첩
머스터드

테블 스타일

핫도그 번
비프 소시지
스크램블드 에그
타바스코
감자칩
쪽파

시애틀 스타일

핫도그 번
비프 소시지
크림 치즈
구운 양파

쿠바 스타일

핫도그 번
다진 돼지고기
다진 칠면조 고기
비프 소시지
에멘탈 치즈
피클
홀그레인 머스터드

* relish : 오이, 그린 토마토, 고추, 양파 등을 다져 새콤달콤하게 피클링한 양념.
** sel de celeri : 소금에 셀러리씨를 갈아 혼합한 향신양념

HOT DOG

미국 남부 스타일

핫도그 번
코울슬로
비프 소시지
머스터드
링으로 썬 양파
칠리

LA 스타일

핫도그 번
비프 소시지
칠리
잘게 썬 양파
케첩
머스터드

H O T D O G

HOT DOG

미국 남서부 스타일

핫도그 번
키드니 빈
베이컨
비프 소시지
고추 살사
할라피뇨
잘게 썬 양파
토마토
머스터드

Hot Dog

하와이안 스타일

핫도그 번
비프 소시지
파인애플 살사
베이컨
간장
민트

독일 스타일

핫도그 번
슈크루트*
프랑크 소시지
홀그레인 머스터드
체다 치즈

HOT DOG

HOT DOG

* choucroute : 잘게 채 썬 양배추를 소금에 절여 발효시킨 것.
사우어크라우트라고도 한다.

햄버거

더블 치즈 버거

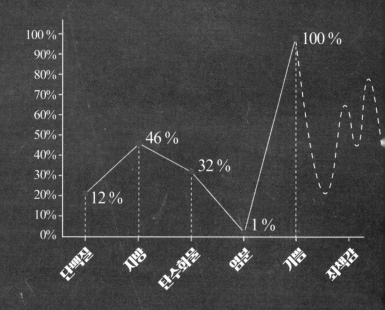

재료

구운 파인애플	구운 할루미 치즈	빵
구운 베이컨	케첩	페스토
블루 치즈	양상추	그릴드 치킨
체다 치즈	마요네즈	루콜라
오이 피클	머스터드	바비큐 소스
팬프라이 푸아그라	모차렐라 치즈	데리야키 소스
새싹 채소	볶은 양파	소고기 패티
구아카몰레	생 양파	생 토마토

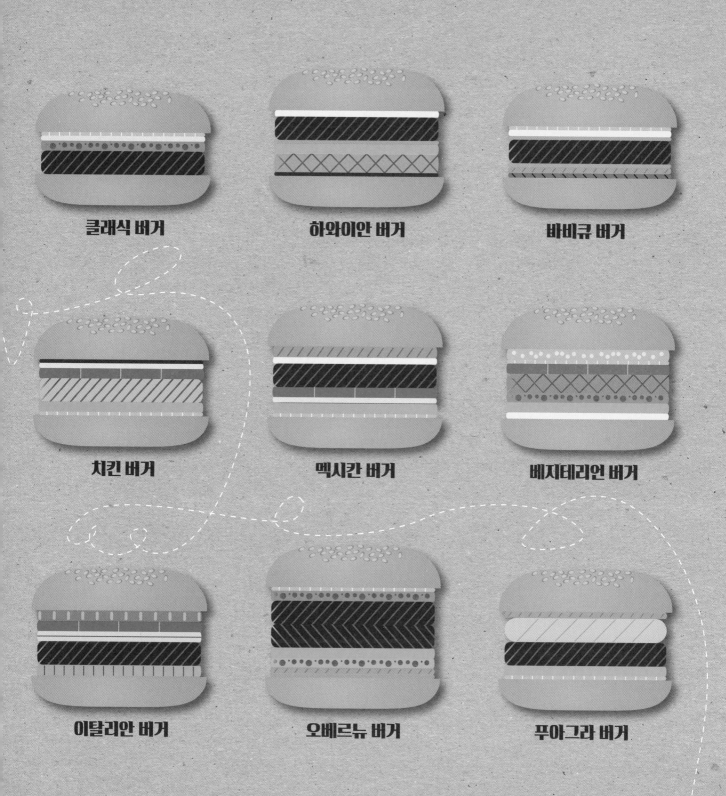

클래식 버거

하와이안 버거

바비큐 버거

치킨 버거

멕시칸 버거

베지테리언 버거

이탈리안 버거

오베르뉴 버거

푸아그라 버거

오픈 샌드위치

브로일러 아래 넣고
노릇하게 구워주세요.

프로슈토 무화과 타르틴

이탈리안 타르틴

야생 버섯 타르틴

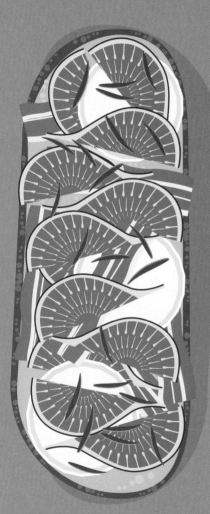

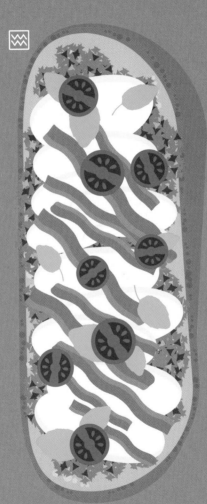

캉파뉴 브레드
프레시 염소 치즈
양파 콩포트
프로슈토 슬라이스
반으로 자른 생 무화과
발사믹 글레이즈
로즈마리

치아바타
페스토
모차렐라 슬라이스
체리 토마토
구운 피망
바질 잎

통밀빵
콩테 치즈 슬라이스
드라이 오리 가슴살
볶은 야생 버섯
파슬리 잎

아스파라거스 달걀 타르틴

호밀빵
스크램블드 에그
팬에 익힌 아스파라거스
삶은 완두콩
잘게 썬 쪽파

봄 채소 타르틴

사워도우 브레드
리코타 치즈
아보카도 슬라이스
반으로 자른 체리 토마토
(빨강, 노랑, 주황색)
링으로 썬 샬롯
통깨

서양배 브리 치즈 타르틴

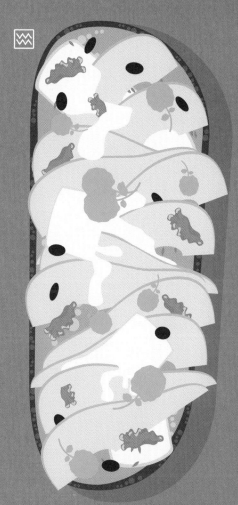

곡물빵
브리 치즈 슬라이스
서양배 슬라이스
굵게 부순 호두
건포도
크레송(타르틴을 브로일러에
구운 후 얹는다).

8 엔다이브 샐러드

10 당근 샐러드

9 아보카도 샐러드

로크포르 치즈

오렌지 블러섬 워터

1

이탈리안 샐러드

바질

아보카도

해바라기유

선 드라이드 토마토

샬롯

건포도

새우

루콜라

모차렐라 치즈

당근 샐러드

10

오렌지

꿀

당근

잣

채소는 깨끗이 씻어 준비합니다.

연어

셰리 와인 식초

칵테일 소스

그린 올리브

시든 상추

사과

호두

오레가노

엔다이브

주키니 호박

그릭 샐러드

4

페타 치즈

비트

아보카도 샐러드

9

청 건포도

8

엔다이브 샐러드

5

적채 샐러드

6 염소 치즈 샐러드

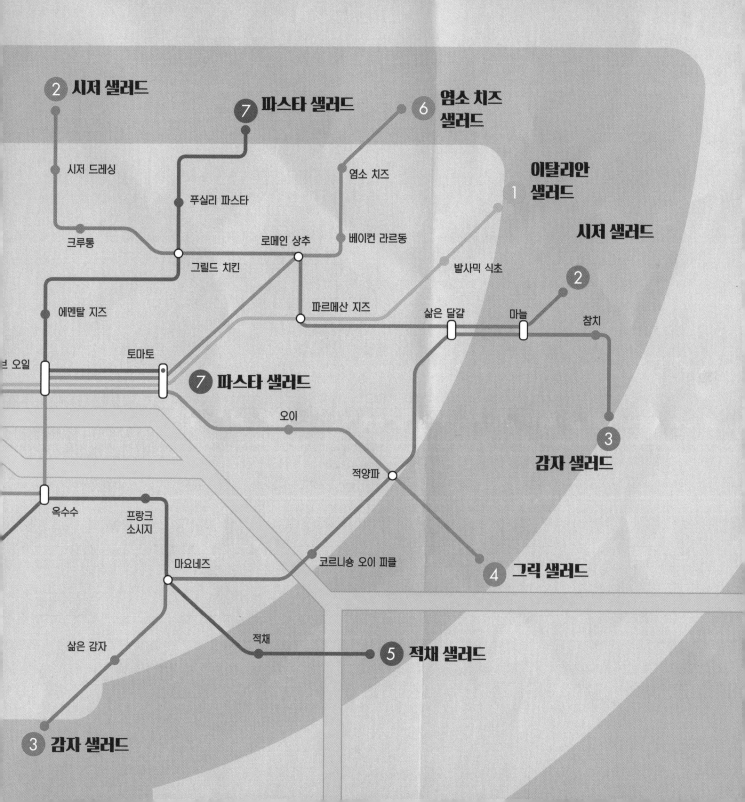

비네그레트 그리고 소스들

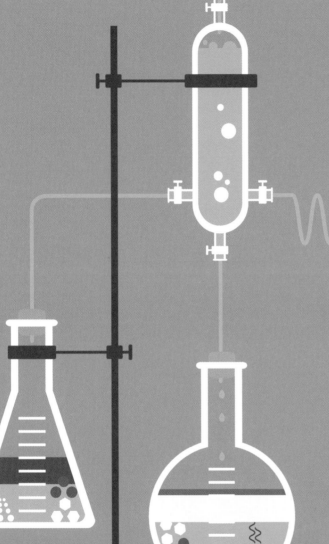

발사믹
비네그레트

레몬즙 소스

호두 오일
비네그레트

머스터드
비네그레트

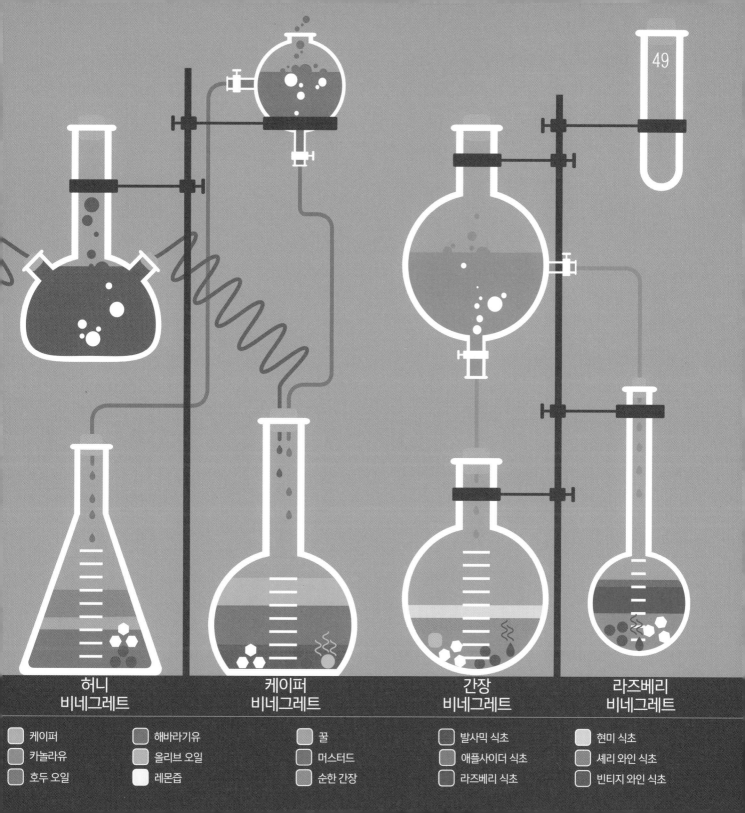

49

허니
비네그레트

케이퍼
비네그레트

간장
비네그레트

라즈베리
비네그레트

케이퍼
카놀라유
호두 오일

해바라기유
올리브 오일
레몬즙

꿀
머스터드
순한 간장

발사믹 식초
애플사이더 식초
라즈베리 식초

현미 식초
셰리 와인 식초
빈티지 와인 식초

만드는 법

생크림 + 우유 +
200 ml   100 ml

기본 혼합물 +

210℃

파트 브리제 또는
파트 퓌유테

30분

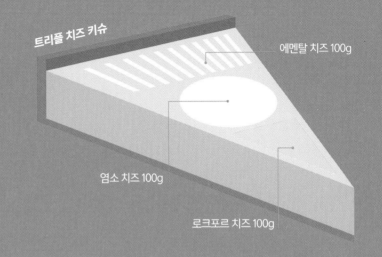

트리플 치즈 키슈

에멘탈 치즈 100g

염소 치즈 100g

로크포르 치즈 100g

키슈 로렌

베이컨 라르동 200g

에멘탈 치즈 100g

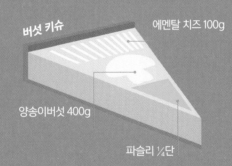

버섯 키슈

에멘탈 치즈 100g

양송이버섯 400g

파슬리 ¼단

시금치 페타 키슈

리코타 치즈 100

냉동 시금치
350g

페타 치즈 200g

햄&염소 치즈 키슈

염소 치즈 200g

프로슈토
슬라이스 4장

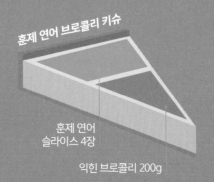

훈제 연어 브로콜리 키슈

훈제 연어
슬라이스 4장

익힌 브로콜리 200g

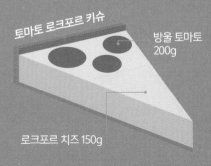

토마토 로크포르 키슈

방울 토마토
200g

로크포르 치즈 150g

타르트 Tartes

리크 타르트

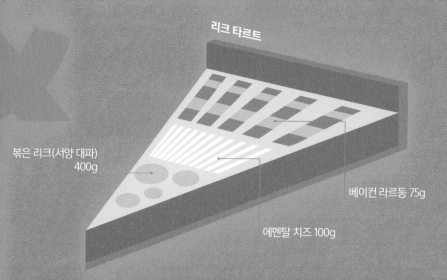

볶은 리크(서양 대파)
400g

베이컨 라르동 75g

에멘탈 치즈 100g

만드는 법

파트 브리제 또는
파트 퓨유테

210℃

30분

아스파라거스 타르트

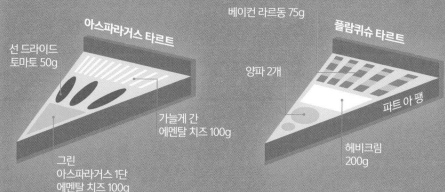

선 드라이드
토마토 50g

가늘게 간
에멘탈 치즈 100g

그린
아스파라거스 1단
에멘탈 치즈 100g

베이컨 라르동 75g

플람퀴슈 타르트

양파 2개

파트 아 팽

헤비크림
200g

토마토 타르트

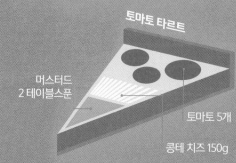

머스터드
2 테이블스푼

토마토 5개

콩테 치즈 150g

여름 채소 타르트

토마토 4개

모차렐라 치즈
덩어리 2개

주키니 호박
2개

피살라디에르

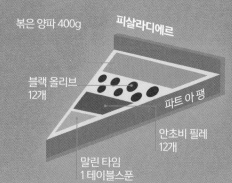

볶은 양파 400g

블랙 올리브
12개

파트 아 팽

안초비 필레
12개

말린 타임
1 테이블스푼

구운 채소 타르트

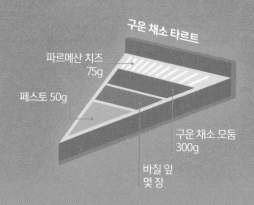

파르메산 치즈
75g

페스토 50g

구운 채소 모둠
300g

바질 잎
몇 장

피자

마르게리타
- 토마토 소스
- 모차렐라

나폴리
- 토마토 소스
- 모차렐라
- 안초비
- 오레가노
- 블랙 올리브

콰트로 스타지오니
- 토마토 소스
- 버섯
- 모차렐라
- 아티초크
- 햄
- 블랙 올리브

루콜라
- 토마토 소스
- 모차렐라
- 파르마 햄
- 루콜라

콰트로 포르마지
- 토마토 소스
- 모차렐라
- 에멘탈
- 고르곤졸라
- 염소 치즈

베지테리언
- 토마토 소스
- 모차렐라
- 피망
- 브로콜리
- 양파
- 블랙 올리브

오네
- 토마토 소스
- 훈제 연어
- 모차렐라
- 양파
- 루콜라

치킨
- 생크림
- 닭고기
- 모차렐라
- 양파

페르
- 생크림
- 베이컨 라르동
- 버섯
- 모차렐라
- 양파

볼로네제

토마토 소스
다진 소고기
모차렐라

토마토 소스
파르마 햄
모차렐라
생 무화과

가지

토마토 소스
햄
가지
모차렐라
염소 치즈

만드는 법

210°C

15-20분

파운드케이크

GaRNiTuR

파운드케이크에
들어가는 내용물 여기!

여기도!

올리브 베이컨 파운드케이크

호두살 100g

베이컨
200G

서양배2개

서양배 블루 치즈
파운드케이크

오베르뉴
150G

씨를 뺀
그린 올리브
75G

불루 치즈

버터 1조각끼

샬롯 1개를
넣고 볶은 야생
버섯 250g

참치 파운드케이크

프로방스
허브

버섯 파운드케이크

참치 200G

1테이블스푼

파슬리½단

씨를 뺀
블랙 올리브75G

케이퍼30G

훈제 연어 파운드케이크

이탈리안 파운드케이크

토마토 페이스트1통

훈제 연어 200g

구운 가지 150G

주키니 호박 2개

딜 1/2단

여기도!

선 드라이드 토마토

파르메산 치즈

페스토 100g

100g

셰이빙 100g

페스토 파운드케이크

토마토 2개

잣30G

모차렐라 치즈 200g

만드는 법

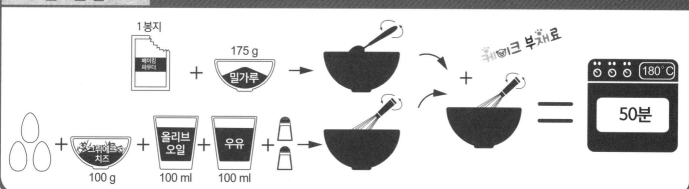

1봉지 — 베이킹 파우더
175 g — 밀가루
올리브 오일 100 ml
우유 100 ml
뤼에르 치즈 100 g
케이크 부재료
180°C
50분

뮌스터 치즈 파운드케이크

양파 2개
뮌스터 치즈 200G
프로슈토 200G
큐민 1 티스푼
구운 아티초크 150g

염소 치즈 150g

무화과 염소 치즈 파운드케이크
생무화과 6개
꿀 2 테이블스푼

초리조 파운드케이크
맵지 않은 초리조 200G

만체고 치즈 50g
씨를 뺀 그린 올리브 50g

페타 바질 파운드케이크
페타 치즈 200G
바질 1단
방울 토마토 100G

구운 채소 파운드케이크
드라이 토마토 150G
구운 주키니 호박 150g
구운 피망 150g

치킨 피망 파운드케이크
구운 닭 가슴살 200g
녹색 피망 1개
붉은 피망 1개
머스터드 1테이블스푼

주키니 호박 파운드케이크
민트 1단
주키니 호박 2개

여기도!

아페리티프 타임

**오이, 후무스,
연어알 카나페**

**잘게 깍둑 썬 오이를 넣은
가스파초**

**아보카도,
콩테 치즈 꼬치**

**선 드라이드 토마토,
양귀비씨를 얹은
퍼프 페이스트리**

**새우, 고르곤졸라 치즈
크로스티니**

**방울 토마토,
페타 치즈 꼬치**

**참치 리예트, 생 모레 치즈,
차이브를 얹은 카나페**

**아스파라거스
프로슈토 말이**

**머스터드를 넣은
비엔나 소시지 페이스트리**

**구운 가지
미몰레트 치즈 말이**

**로크포르 치즈를 얹은
엔다이브**

**구아카몰레, 토마토,
나초 베린**

**안초비로 감싼
올리브**

**부르생 허브 치즈와
햄 카나페**

타프나드 팔미에

**푸아그라, 양파 콩포트를
얹은 팽데피스 카나페**

**말린 오리 가슴살로
감싼 멜론 볼**

**비트, 프레시 염소 치즈,
헤이즐넛 베린**

**홀스래디시, 훈제 연어를
얹은 블리니**

건자두 베이컨 말이

**마리네이드한 아티초크,
초리조 꼬치**

**파프리카를 뿌린
고구마 칩**

**코파(coppa) 프로슈토,
모차렐라, 포도 꼬치**

**생무화과, 구운 염소 치즈
크로스티니**

시푸드 플래터

소라:

- 냄비에 찬물을 붓고 ✚ 소금 ✚ 후추 ✚ 타임과 함께 소라를 넣는다.
- 찬물로 시작하여 20분간 익힌다.

굴:

- 굴 전용 칼로 껍데기를 깐다.
- 날것으로 먹는다.

랍스터(바닷가재):

- 소금간이 짭짤한 쿠르부이용에 바닷가재를 넣는다.
- 바닷가재의 무게 450g당 12분을 익히고, 수컷의 경우 매 125g 초과 중량당 90초씩 익히는 시간을 늘려 잡는다.
- 암컷일 경우는 여기에 2분을 더한다.

고둥:

- 소금과 부케가르니를 넣은 끓는 물에 고둥을 넣는다.
- 물이 다시 끓어오르면 불을 끄고 그 상태로 10분간 더 익힌다.

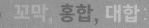

꼬막, 홍합, 대합 :
- 냄비에 버터 한 조각과 샬롯 2개를 넣고 중불에서 5분간 볶는다.
- 조개와 드라이 화이트 와인 100ml를 넣고, 센 불에서 조개의 껍질이 벌어질 때까지 4~5분간 익힌다.

새우 :
- 끓는 소금물에 새우를 넣는다.
- 3분간 끓여 익힌다.

랑구스틴(가시발 새우) :
- 끓는 소금물에 랑구스틴을 넣는다.
- 물이 다시 끓어오르기 시작하면 꺼낸다.

성게 :
- 칼로 잘라 연다.
- 날것으로 먹는다.

마요네즈, 반으로 자른 레몬

생선

다양한 조리방법

210℃

오븐에 익히기

조리준비:

익히기: 두께 2.5cm 기준으로 10분간 익힌다.

팬 프라이 / 튀기기

조리준비: ⌣ / ⌣ / ◯ + 🧂

익히기: 🍷 / ▮

파피요트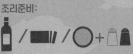

조리준비: 🍷 / ▮ + 🧂 + ◯ / ⚬⚬

익히기: 220℃ 오븐에 넣어 익힌다.

데치기

익히기: ⌣

굽기

조리준비: ◯

익히기: 중불

찌기

조리준비: 🧂

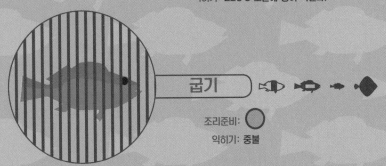

생선의 종류 및 조리시 준비사항:

- 한 마리 통째로 조리
- 토막
- 필레
- 작은 크기의 생선
- 납작한 모양의 생선

- 🍷 기름
- ▮ 버터
- ◯ 재움 양념
- 🧂 소금, 후추

- ⌣ 밀가루 묻히기
- ⌣ 달걀물과 빵가루 입히기
- ⌣ 튀김옷 반죽에 담가 입히기
- ⌣ 액체(물(+화이트 와인), 생선 육수(또는 우유)
- ⚬⚬ 향신재료

··· 재움 양념

커리
마리네이드
낙화생 기름 5테이블스푼
커리가루 1테이블스푼
코코넛 밀크 15ml
레몬즙 1개분
다진 쪽파 3줄기분 고수 10줄기   소금

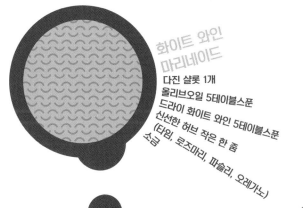

생강
마리네이드
참기름 4테이블스푼
간장 5테이블스푼
다진 마늘 1톨
레몬즙 약간(한 번 둘러준다)
생강 1cm 간 것
씨를 빼고 다진 붉은 고추 반 개

스위트 앤 사워
마리네이드
발사믹 식초 6테이블스푼
올리브오일 2테이블스푼
설탕 75g
파인애플 주스 100ml
오렌지 주스 100ml 다진 마늘 2톨 소금

화이트 와인
마리네이드
다진 샬롯 1개
올리브오일 5테이블스푼
드라이 화이트 와인 5테이블스푼
신선한 허브 작은 한 줌
(타임, 로즈마리, 파슬리, 오레가노)
소금

라임
마리네이드
라임즙 3개분
레몬즙 1/2개분
올리브오일 5테이블스푼
다진 샬롯 1개
으깬 마늘 2개분
소금

정육 부위

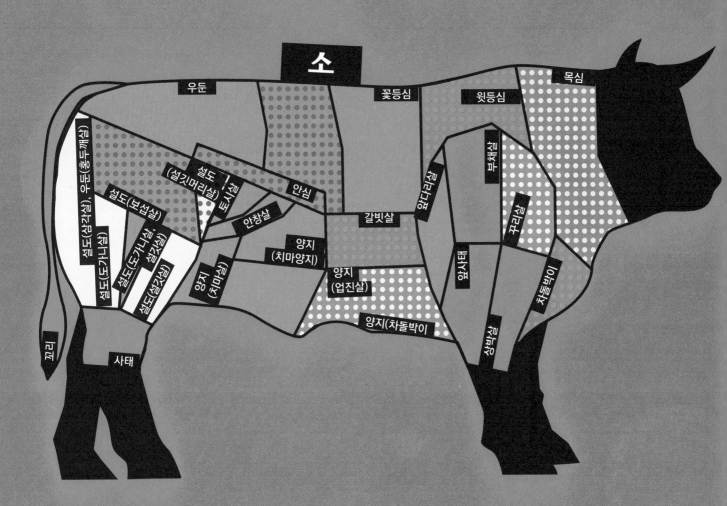

소

목심

꽃등심

윗등심

우둔

부채살

안심

꾸리살

앞다리살

설도(설깃머리살)

설도(보섭살)

설도(삼각살), 우둔(홍두깨살)

토시살

안창살

설도(도가니살)

양지(치마양지)

갈빗살

설도(도가니살, 설깃살)

설도(설깃살)

양지(업진살)

차돌박이

설도

양지(치마살)

아롱사태

꼬리

사태

양지(차돌박이)

상박살

명칭¹

송아지

볼기살
등심
갈빗살
갈빗살
목심
볼기살
허벅지살
우둔
삼겹 양지 차돌박이
삼겹살
갈빗살
어깨살
사태
삼겹살
정강이
정강이

스튜, 국물 내기
로스트
그릴
팬 프라이
브레이징, 조리기
데치기, 삶기

정육 부위

돼지

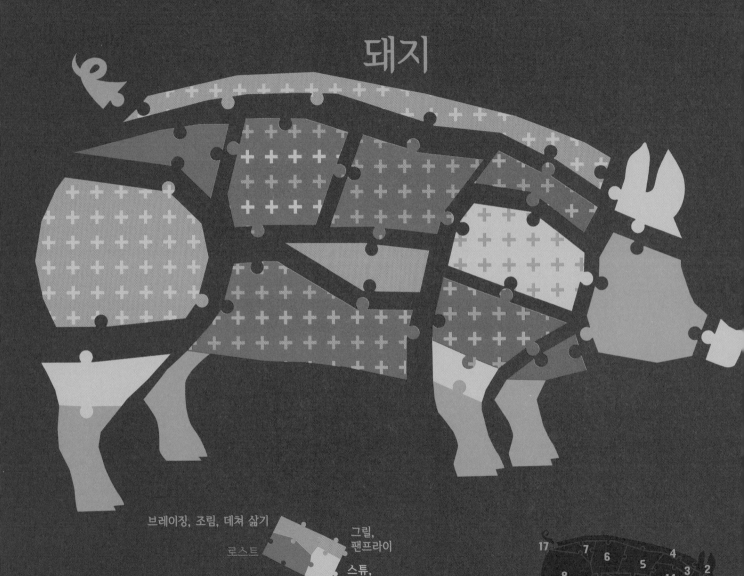

브레이징, 조림, 데쳐 삶기

로스트

그릴,
팬프라이

스튜,
국물 내기

1.머리 2.귀 3.목심 4.라드,비계 5.등심 6.안심 7.안심 8.뒷다리살 9.정강이 10.삼겹살
11.등갈비 12.정강이 13.어깨살 14.갈빗살 15.돼지족 16.머릿고기, 주둥이 17.꼬리

명칭²

양

1.목심 2.갈빗살 3.갈빗살 4.안심 5.볼기등심
6.어깨살 7.갈비 8.삼겹살 9.뒷다리살 10.정강이

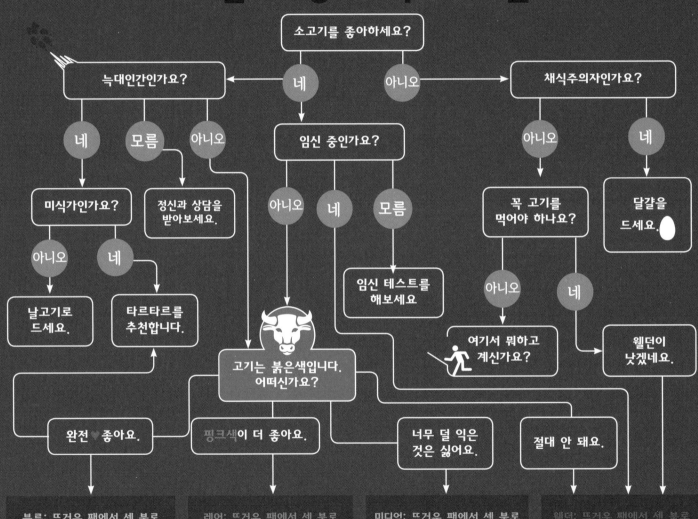

어울리는 스테이크 소스는?

마요네즈는 공통으로 들어갑니다.

타라곤 소스

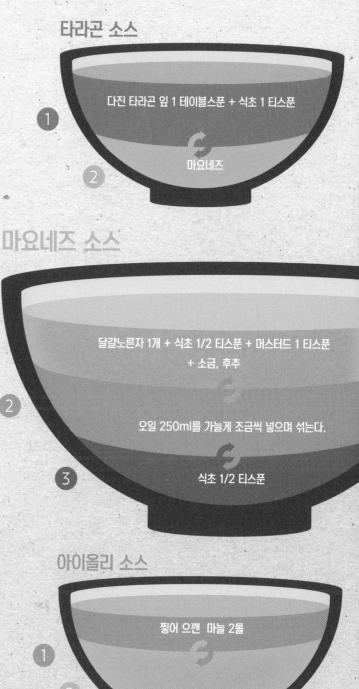

① 다진 타라곤 잎 1 테이블스푼 + 식초 1 티스푼

② 마요네즈

칵테일 소스

① 토마토 페이스트 1 테이블스푼 + 코냑 1 테이블스푼

② 마요네즈

마요네즈 소스

① 달걀노른자 1개 + 식초 1/2 티스푼 + 머스터드 1 티스푼 + 소금, 후추

② 오일 250ml를 가늘게 조금씩 넣으며 섞는다.

③ 식초 1/2 티스푼

타르타르 소스

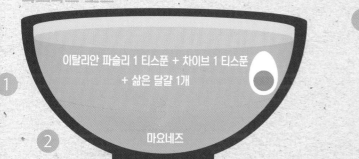

① 이탈리안 파슬리 1 티스푼 + 차이브 1 티스푼 + 삶은 달걀 1개

② 마요네즈

그린 페퍼 소스

① 소금물에 절인 그린 페퍼 1 테이블스푼

② 마요네즈

아이올리 소스

① 찧어 으깬 마늘 2톨

② 마요네즈

로스트 치킨

커팅하기

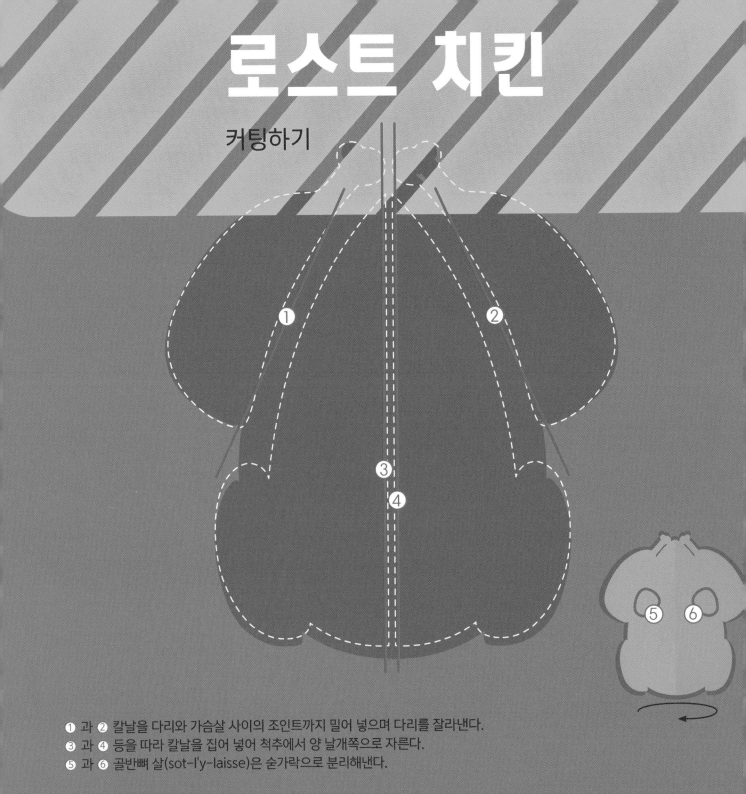

① 과 ② 칼날을 다리와 가슴살 사이의 조인트까지 밀어 넣으며 다리를 잘라낸다.
③ 과 ④ 등을 따라 칼날을 집어 넣어 척추에서 양 날개쪽으로 자른다.
⑤ 과 ⑥ 골반뼈 살(sot-l'y-laisse)은 숟가락으로 분리해낸다.

프렌치 프라이

껍질을 벗겨 길게 스틱 모양으로
자른 감자 1kg을 150℃의
기름에서 8분간 세 번으로
나누어 튀긴 다음, 다시
190℃에서 3분간
튀겨낸다.

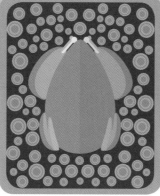

비시 스타일 당근

소테팬에 버터 50g과 설탕
1테이블스푼을 녹인다.
껍질을 벗겨 둥글게 썬 당근을
넣고 채소 육수를 재료가
잠기도록 붓는다.
약한 불로 20~25분간
익힌다.

껍질째 구운 알감자

작은 알감자 24개를 씻어서
껍질째 냄비에 넣고,
올리브오일 2테이블스푼,
껍질을 벗기지 않은 마늘
3톨과 함께 약한 불에서
40분간 익힌다.

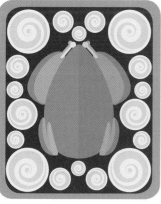

홈메이드 감자 퓌레

감자 1kg의 껍질을 벗긴 뒤
깍둑 썰어, 끓는 소금물에 20분간
삶는다. 건져낸 감자에 버터
30g과 우유 200ml를 넣고
잘 으깨며 섞는다.

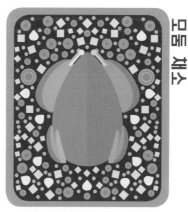

모듬 채소

감자 6개와 햇당근 1단의 껍질을
벗기고 작게 썬다. 버터 한 조각,
줄기 양파의 흰 부분과 함께 소테팬에
넣고 잘 볶는다. 채소 육수를
재료 높이만큼 붓고 10분간 익힌다.
깍지를 깐 신선한 완두콩 400g을 넣고
10분간 더 익힌다.

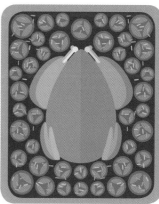
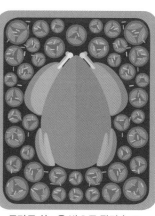

프로방스식 토마토

토마토 1kg을 반으로 잘라 놓고,
다진 마늘, 프로방스 허브와
굵은 소금을 뿌린다.
올리브오일을 가늘게 골고루
뿌려준 다음, 210℃ 오븐에서
20~25분간 익힌다.

꼬치 요리

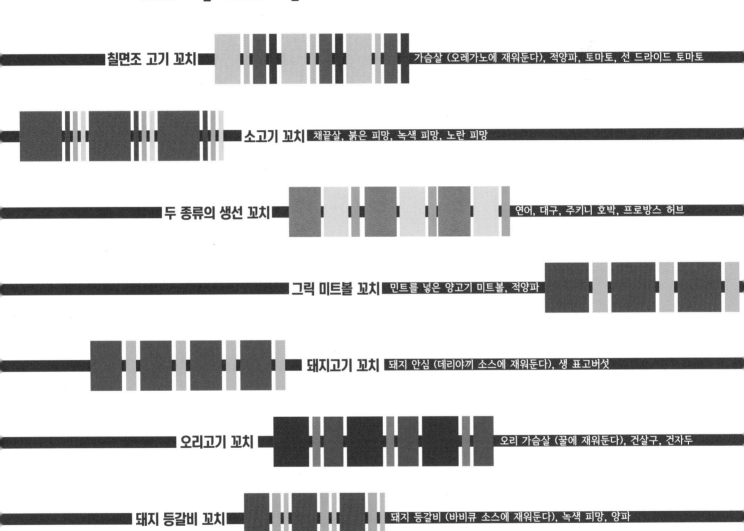

칠면조 고기 꼬치 — 가슴살 (오레가노에 재워둔다), 적양파, 토마토, 선 드라이드 토마토

소고기 꼬치 — 채끝살, 붉은 피망, 녹색 피망, 노란 피망

두 종류의 생선 꼬치 — 연어, 대구, 주키니 호박, 프로방스 허브

그릭 미트볼 꼬치 — 민트를 넣은 양고기 미트볼, 적양파

돼지고기 꼬치 — 돼지 안심 (데리야끼 소스에 재워둔다), 생 표고버섯

오리고기 꼬치 — 오리 가슴살 (꿀에 재워둔다), 건살구, 건자두

돼지 등갈비 꼬치 — 돼지 등갈비 (바비큐 소스에 재워둔다), 녹색 피망, 양파

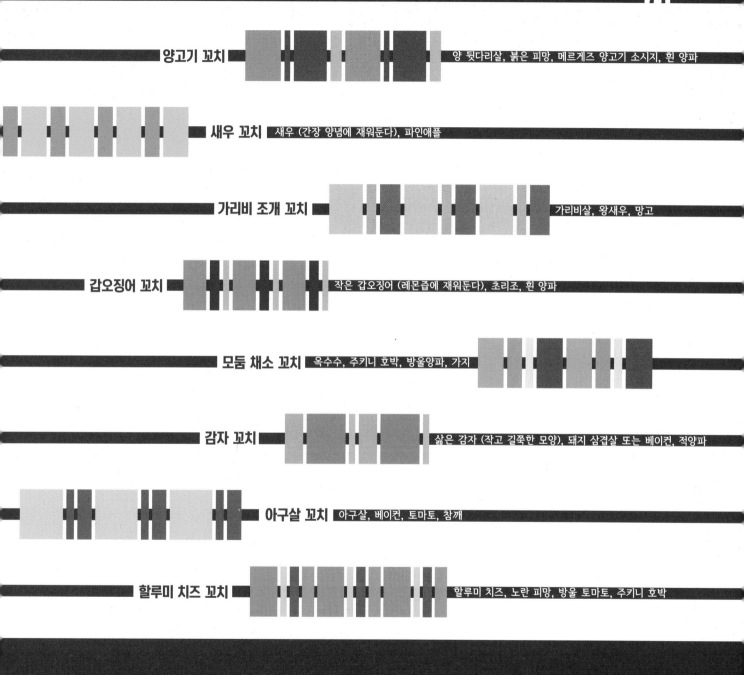

양고기 꼬치 양 뒷다리살, 붉은 피망, 메르게즈 양고기 소시지, 흰 양파

새우 꼬치 새우 (간장 양념에 재워둔다), 파인애플

가리비 조개 꼬치 가리비살, 왕새우, 망고

갑오징어 꼬치 작은 갑오징어 (레몬즙에 재워둔다), 초리조, 흰 양파

모둠 채소 꼬치 옥수수, 주키니 호박, 방울양파, 가지

감자 꼬치 삶은 감자 (작고 길쭉한 모양), 돼지 삼겹살 또는 베이컨, 적양파

아구살 꼬치 아구살, 베이컨, 토마토, 참깨

할루미 치즈 꼬치 할루미 치즈, 노란 피망, 방울 토마토, 주키니 호박

타르타르

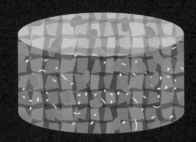

클래식 타르타르

소고기 안심 125g
샬롯 1개 +
케이퍼 1 티스푼
머스터드 1/2 티스푼
우스터 소스 약간
타바스코 2방울
달걀 노른자 1개
소금, 후추

연어 생강 타르타르

연어 필레 125g
쪽파 1줄기
생강 간 것 1/4 티스푼
딜 1줄기
간장 1/4 테이블스푼
레몬즙 약간
맵지 않은 칠리 소스 2방울

그린 베지 타르타르

오이 1/4개 , +
녹색 피망 1/4개 , +
키위 1개 , +
페타 치즈 50g
레몬즙 약간
소금

칼로 다지기
아주 곱게 다지기
껍질 벗기기
씨 빼기

스위트 앤 사워 슈림프 타르타르

익힌 분홍 새우 125g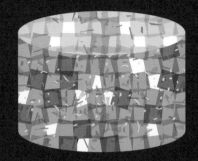
줄기 양파 1/2개
망고 1/2개
아보카도 1/2개
고수 잎 10장
라임즙 1/2개분
타바스코 약간

구운 채소 모차렐라 타르타르

구운 피망 길게 썬 것 4조각
선 드라이드 토마토 4개
구운 아티초크 2개
모차렐라 치즈 80g
바질 잎 10장
올리브오일 약간
발사믹 글레이즈 약간
소금

참치 아보카도 타르타르

참깨 1 티스푼

참치 125g
쪽파 1줄기
차이브(서양 실파) 2송이
레몬즙 약간
간장 1티스푼

아보카도 1/2개

가리비 조개 삼색 타르타르

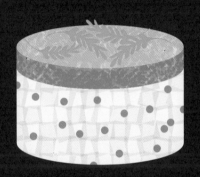

루콜라 잎 약간

연어알 2 테이블스푼
가리비 살 80g
올리브오일 1 티스푼
핑크 페퍼콘 1/4 티스푼
소금

태국식 타르타르

소고기 안심 125g
샬롯 1개
민트 잎 5장, 고수 잎 10장
쪽파 1/2줄기
붉은 고추 1/4개
피시 소스 1 티스푼
설탕 1 티스푼
라임즙 1 티스푼

푸아그라 오리 타르타르

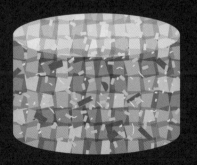

오리 가슴살 100g
푸아그라 20g
샬롯 1/2개
차이브(서양 실파) 3줄기
코르니숑 오이 피클 1/2개
소금, 후추

74 미트볼과 속을 채운 채소

A 고기

닭고기 다짐육

베이비 램 다짐육

양고기 다짐육

소시지 미트
돼지고기 다짐육

소고기 다짐육

B 혼합물

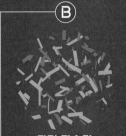

다진 파슬리

다진 양송이 버섯

다진 양파

다진 고수

익힌 세몰리나(쿠스쿠스)

C 향신료

큐민

커리

파프리카

강황

라스 엘 하누트*

* 중동 향신료 믹스

D 마무리

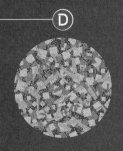

E — 소를 채워 넣을 채소

- 피망
- 토마토
- 버섯
- 둥근 애호박
- 양파

F — 채소에 소를 채워 넣은 모습

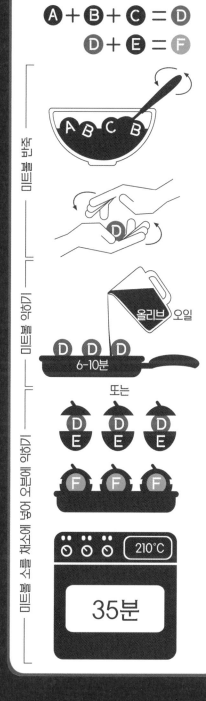

만드는 법

$$A + B + C = D$$
$$D + E = F$$

마트볼 반죽

마트볼 약하기

올리브 오일

6-10분

또는

210°C

35분

마트볼 약하기 · 마트볼을 소를 채운 채소에 넣어 오븐에 약하기

채소 썰기

브뤼누아즈 Brunoise
 2mm

사용 : 포타주, 소스, 스터핑
또는 플랑 등의 가니시.

마세두안 Macédoine
 4mm

사용 : 각종 채소 모둠 가니시.

다이스 Dés
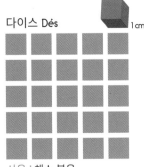 1cm

사용 : 채소 볶음.

큐브 Cubes
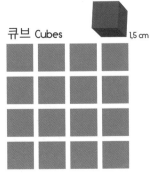 1,5cm

사용 : 채소 볶음, 수프.

줄리엔 Julienne
 1mm

사용 : 생 채소 샐러드(당근,
셀러리 레물라드).

바토네 Bâtonnets
5cm
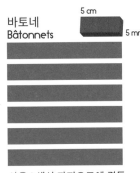 5mm

사용 : 생선 파피요트에 곁들
이는 채소, 생 채소 요리.

페이잔 Paysanne
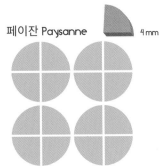 4mm

사용 : 단시간에 끓이는 포타주.

미르푸아
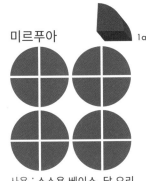 1cm

사용 : 소스용 베이스, 닭 요리
가니시.

롱델 Rondelles

사용(둥글게 썰기) : 증기로
찌기, 삶기, 볶기용.

시플레 Sifflets

사용(어슷썰기) : 증기로 찌기,
삶기, 볶기용.

에멩세 Émincés

사용 : 소스용 베이스, 오래 익
히는 요리.

아셰 Hachés

사용 (다지기) : 물에 삶기, 오
래 익히는 요리.

다양한 종류의 감자 썰기

웨지
Wedges

큰 사이즈 큐브
Gros cubes

큐브
Cubes

폼 프리트(프렌치 프라이)
Pomme frite

폼 미뇨네트
Pomme mignonnette

폼 알뤼메트
Pomme allumette

폼 파이유
Pomme paille

폼 퐁 뇌프
Pomme pont-neuf

폼 파리지엔
Pomme parisienne

폼 오 푸르
(오븐에 통째로 익히기)
Pomme au four

칩 Pomme chip

와플칩 Pomme gaufrette

얇고 둥글게 썰기 Fines rondelles

도톰하고 둥글게 썰기
Rondelles épaisses

폼 아라 스웨두아즈
(해슬백 포테이토)
Pomme à la suédoise

조리 방법 :

칩

그라탱

소테, 볶음

삶기

튀기기

오븐에 익히기

SOUPES 수프

단호박 수프
- 단호박 800g
- 양파 1개
- 채소 육수 1리터

30분

- 프레시 염소 치즈 100g
- 파프리카 1꼬집
소금, 후추

당근 수프
- 당근 5개
- 양파 1개
- 채소 육수 1리터

30분

- 코코넛 밀크 200ml
- 고수 1/2단
소금, 후추

토마토 가스파초
- 토마토 6개
- 오이 1개
- 붉은 파프리카 1개
- 녹색 파프리카 1개
- 양파 2통
- 마늘 2개분
- 레몬즙 5테이블스푼
- 올리브오일 식초
- 세리비네거
2 테이블스푼
소금, 후추

2시간

비트 수프
- 비트 500g
- 채소 육수 750ml

15분

- 토마토 2개

5분

- 레몬즙 2테이블스푼
- 페타치즈 100g
소금, 후추

적채 수프
- 적채 1개
- 버터 30g
- 양파 1개
- 베이컨 100g

10분

- 사과 2개
- 채소 육수 1리터

45분

- 생크림 100ml
소금, 후추

무청 수프
- 레드와인 무청
- 채소 육수 1리터

15분

- 주키니 무청 호박 2...
- 소금, 후추
- 그뤼에르 치즈 2테이블스푼

콜리플라워 크림 수프

- 콜리플라워 1개
- 리크(서양 대파) 흰 부분 1줄기
- 양파 1개
- 채소 육수 600ml

(아주 약하게 끓이기) 20분

- 녹인 치즈 2조각
- 소금, 후추

양파 수프

- 양파 5개
- 버터 50g

(약불로 끓이기) 20분 | (중불로 끓이기) 30분

- 화이트 와인 150ml
- 채소 육수 750ml

(아주 약하게 끓이기) 1시간

- 식초 약간
- 소금, 후추
- 빵 슬라이스 4조각
- 가늘게 간 그뤼에르 치즈 100g

(브로일러에 굽기) 5분

비시수아즈 수프

- 리크(서양 대파) 흰 부분 3줄기
- 양파 1개
- 버터 30g

(약불로 끓이기) 5분

- 감자 500g
- 채소 육수 1리터

(아주 약하게 끓이기) 30분

- 우유 100ml
- 생크림 100g
- 넛맥 1꼬집
- 소금, 후추

완두콩 크림 수프

- 양파 1개
- 깍지를 깐 완두콩 500g
- 닭육수 500ml

(아주 약하게 끓이기) 15분

- 민트 1/4단

(블렌더로 갈기)

- 생크림 150ml
- 올리브오일 1테이블스푼
- 소금, 후추

무청 수프

- 래디시 무청 2단분
- 주키니 호박 2개
- 채소 육수 1리터

(중불로 끓이기) 15분 | (블렌더로 갈기)

- 소금, 후추
- 크림 치즈 2테이블스푼

- (아주 약하게 끓이기) 아주 약하게 끓이기
- (블렌더로 갈기) 블렌더로 갈기
- (브로일러에 굽기) 브로일러에 굽기
- (약불로 끓이기) 약불로 끓이기
- (중불로 끓이기) 중불로 끓이기
- (차갑게 보관하기) 차갑게 보관하기

마키와 스시

 마키(김초밥)

 호소마키
(가늘게 만 김초밥)

 갓파마
(오이 김

 우라마키
(누드 김초밥)

 후토마키
(굵게 만 김초밥)

 군함덮
(김으로
러싸고
연어알
재료를
김초밥

니기리 스시
(초밥 위에 생선
등의 재료를
얹은 스시)

테마키
(밥 안에 재료를
넣고 김으로 싸서
만 원뿔형 스시)
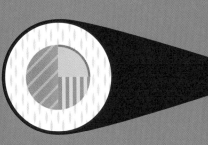

곁들임

와사비

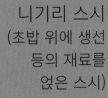
생강 초절임

간장

스시를 맛있게 먹는 순서

1	2	3	4	5
흰 살 생선	등 푸른 생선	붉은 살 생선	주황색 생선, 생선 알	기름진 생선

만드는 법

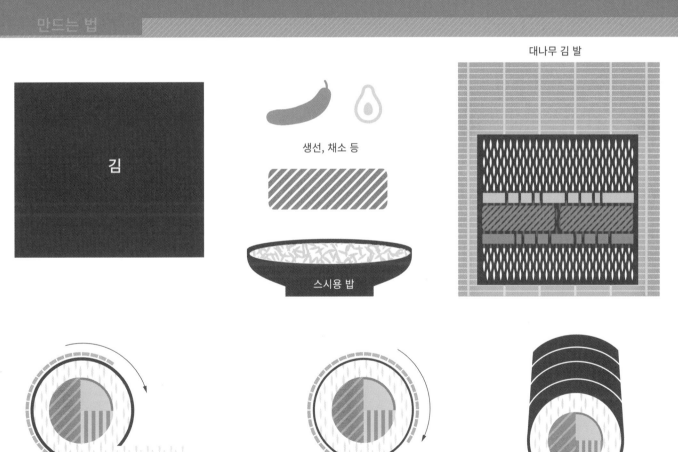

김

생선, 채소 등

스시용 밥

대나무 김 발

달걀

품질 표시 확인

생산자
산란지 표

원산국

양계 방식
0=유기농
1=자연 방사
2=평면 양계
3=케이지 양계

OFRDEB01
DCR 03/16

권장 소비 기한일

크기별 분류

소란 : 43g - 53g

중란 : 53g - 63g

대란 : 63g - 73g

왕란 : + 73g

신선도 체크

1 산란일 기준 :

매우 신선 : 산란일로부터 9일까지

신선 : 산란일로부터 28일까지

2 소금물에 달걀을 담가보면
신선도를 확인할 수 있다.

1-3일

4-6일

7-9일

10-12일

13-15일

16-21일

22-24일

25-26일

둥둥 뜬다면
버립니다.

달걀 조리법

1. congolais: 코코넛을 넣어 만든 한 입 크기의 과자.
2. langue de chat: 달걀 흰자, 밀가루, 설탕, 버터를 넣어 만든 길쭉하고 납작한 모양의 바삭한 쿠키.

날달걀
노른자 : 마요네즈, 홀랜다이즈 소스, 사바용, 크렘 앙글레즈 등을 만들 때 사용한다.
흰자 : 머랭, 초콜릿 무스, 콩골레[1], 랑그드샤[2] 등을 만들때 사용한다.

조리법 : 수란, 포치드 에그
신선도 : 매우 신선
익히기 : 약하게 끓는 상태의 물에 흰 식초를 한 줄기 넣은 다음 깨트린 달걀을 넣고 3분간 익힌다.

조리법 : 달걀 프라이
신선도 : 매우 신선
익히기 : 기름을 달군 뜨거운 팬에 달걀을 깨트려 넣고 센불에서 4분간 익힌다.

조리법 : 반숙
신선도 : 매우 신선
익히기 : 상온의 달걀을 끓는 물에 넣고 센불에서 4분간 익힌다.

조리법 : 코코트 에그
신선도 : 매우 신선
익히기 : 180℃ 오븐에서 중탕으로 3~4분 익힌다.

조리법 : 스크램블드 에그
신선도 : 최대 21일
익히기 : 버터 한 조각을 넣고 미리 풀어놓은 달걀을 약한 불에서 계속 저어주며 중탕으로 10분간 익힌다.

조리법 : 떠먹는 반숙
신선도 : 매우 신선
익히기 : 상온에 둔 달걀을 끓는 물에 넣고 3~4분 익힌다.

조리법 : 오믈렛
신선도 : 최대 21일
익히기 : 미리 풀어 놓은 달걀을 기름을 달군 뜨거운 팬에 넣고 중불로 4~5분간 익힌다.

조리법 : 완숙
신선도 : 최대 21일
익히기 : 찬물에 달걀을 넣고 시작하여 8~10분간 익힌다.

키슈, 케이크, 타르트 등 요리에 달걀을 사용할 경우에는 산란일로부터 21~28일 지난 것을 사용한다.

브릭 페이스트리

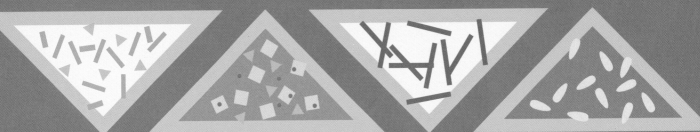

치즈 허브 브릭
- 크림 치즈 200g
- 가늘게 간 그뤼예르 치즈 50g
- 잘게 썬 신선 허브 믹스 1줌

참치 브릭
- 참치 으깬 것 180g
- 잘게 썬 파슬리 2 테이블스푼
- 삶은 감자 3개
- 파프리카 1/4 티스푼

피망 염소치즈 브릭
- 구운 피망 길게 썬 것 200g
- 염소 치즈 150g

리코타 시금치 브릭
- 익힌 시금치 300g
- 리코타 치즈 200g
- 잣 2 테이블스푼

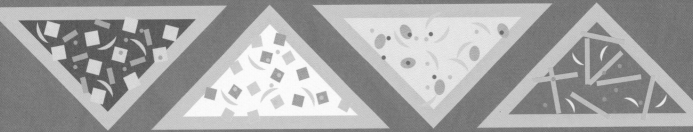

모로코식 양고기 브릭
- 다진 양고기200g
- 얇게 썬 양파 1개
- 삶은 감자 다진 것 1개
- 라스 엘 하누트(중동 향신료 믹스) 1 티스푼
- 올리브오일 1 테이블스푼
- 잘게 썬 고수 잎 한 줌 분량

강황 채소 브릭
- 잘게 깍둑 썬 당근 150g
- 잘게 깍둑 썬 주키니 호박 150g
- 얇게 썬 양파 1개
- 올리브오일 1 테이블스푼
- 강황 2 티스푼

커리 치킨 브릭
- 닭 안심살 다짐육 300g
- 얇게 썬 양파 1개
- 커리가루 1 테이블스푼
- 고춧가루 1꼬집
- 올리브오일 1 테이블스푼
- 황금색 건포도 40g

스파이시 비프 브릭
- 소고기 다짐육 200g
- 다진 녹색 피망 1/2개
- 다진 마늘 1톨
- 얇게 썬 양파 1개
- 토마토 소스 2 테이블스푼
- 칠리 파우더 1 티스푼

10분

10분

8분

10분

만드는 법

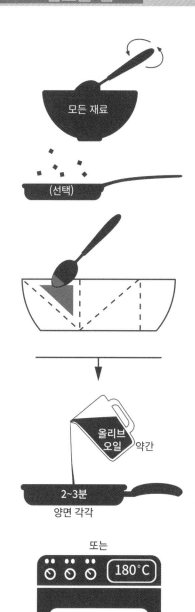

모든 재료

(선택)

올리브
오일 약간

2~3분
양면 각각

또는

180°C

10분

브릭 페이스트리를 접는 방법

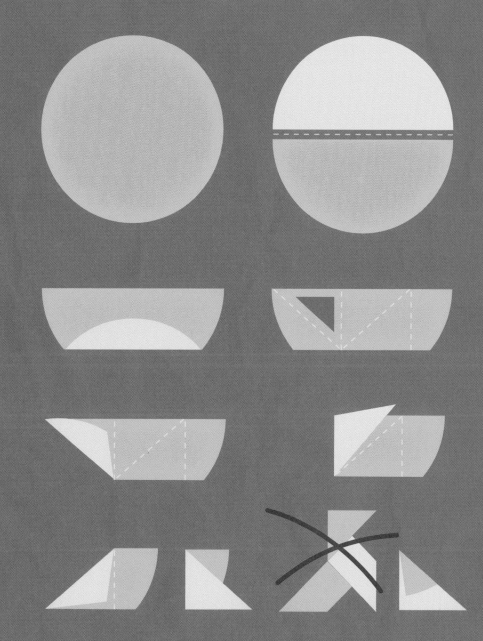

짭짤한 크레프와 갈레트
Crêpes et galettes salées

콩플레트 Complète

프레스티에르(버섯) Forestière

프로마제르(치즈) Fromagère

에피나르(시금치) Épinards

소몽(연어) Saumon

🍳 햄 슬라이스 1장 / 가늘게 간 그뤼예르 치즈 30g / 달걀 1개 🍳 볶은 양송이 버섯 2 테이블스푼 / 튀기듯이 구운 베이컨 라르동 30g / 양파 콩피 1 테이블스푼 / 생크 1 티스푼 🍳 잘게 부순 로크포르 치즈 20g / 염소 치즈 둥글게 자른 슬라이스 2조각 / 가늘게 간 에멘탈 치즈 20g 🍳 살짝 볶은 시금치 40g / 튀기듯이 구운 베이컨 라르동 30g 🍳 리크(서양 대파) 잘게 썰어 볶은 것 2 테이블스푼 / 훈제 연어 슬라이스 1장, 생크림 1 테이블스푼

만드는 법

갈레트

소금 10g

메밀가루 325g

물 750ml

+

냉장고에서 4시간 휴지시킨다.

버터

한쪽 면 2~3분
뒤집어서 1분

냉장고에서 1시간
휴지시킨다.

우유 750ml

밀가루 300g

크레프

+

45ml

해바라기유

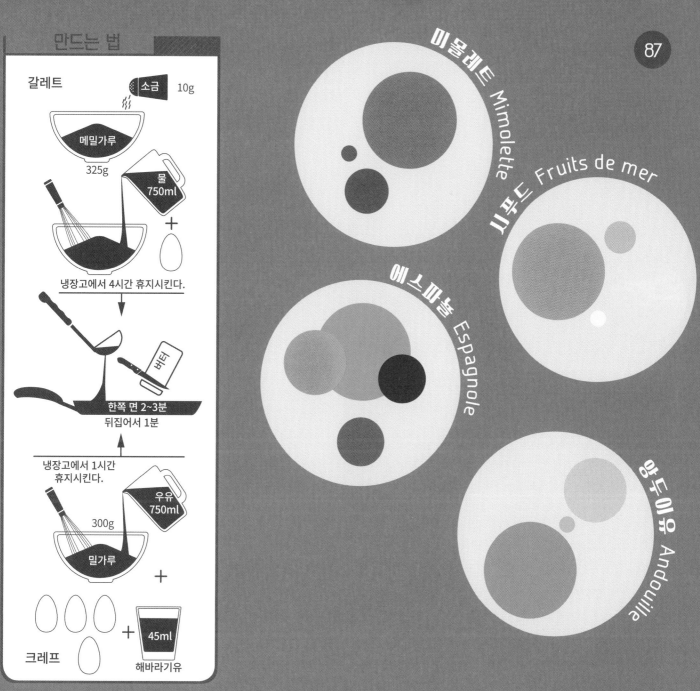

미몰레트 Mimolette

프루드 Fruits de mer

에스파뇰 Espagnole

앙두이유 Andouille

🌓 가늘게 간 미몰레트 치즈 40g / 둥글게 썬 토마토 슬라이스 4장 / 큐민 가루 1 티스푼 🌑 익힌 새우 4마리 / 팬에 익힌 작은 가리비조개 살 6마리 / 양파 콩피
1 테이블스푼 / 생크림 1 티스푼 🌓 스크램블드 에그 1개분 / 구운 피망 길게 썬 것 4조각 / 만체고 치즈 20g / 초리조 슬라이스 4조각 🌗 둥글게 썬 앙두이유 슬라이스
4~5조각 / 볶은 양송이 버섯 1 테이블스푼 / 머스터드 1 티스푼

파스타

1 카펠리니						
3 페델리니	**4** 스파게티		**5** 스파게티 알라 키타라	**6** 페투치네	**7** 펜네 리가테	**8** 피페 리셰
13 베르미첼리	**14** 스파게토니	**15** 지타	**16** 링귀네	**17** 파파르델레	**18** 펜네 리셰	**19** 피페 리가테
27 베르미첼로니	**28** 부카티니	**29** 지토네	**30** 탈리아텔레	**31** 트리폴리네	**32** 토르틸리오니	**33** 리가토니 **34** 마카로니
43 스파게티니	**44** 마케론치니	**45** 롱 푸실리	**46** 탈리오니	**47** 마팔디네	**48** 마케로니 **49** 가르가넬리	**50** 루마크 리가테

■ 단순하고 가벼운 액체 소스.
■ 건더기가 있고 매콤한 맛 등 진한 맛의 소스, 또는 크림 소스.
■ 부재료를 넣고 오래 끓인 진한 소스.
■ 오래 끓인 소스, 가벼운 소스, 진한 소스 모두 포함. 또는 수프.
■ 오래 끓인 진한 맛의 토마토 소스, 부재료 건더기 포함. 또는 샐러드.

■ 부재료를 넣은 가벼운 소스 또는 진한 소스.
■ 그라탱, 채소 육수나 고기 육수.
■ 그라탱.
■ 걸쭉한 수프.
■ 채소 육수나 고기 육수.

나선형 쇼트 파스타	독특한 모양의 파스타			속을 채운 파스타		소를 넣어 채우는 파스타	수프용 파스타
							2 브리케티
	파르팔레	**콘킬리에 리가테**		**메체루네**			**12** 파르팔리네
20 지란돌레	**뇨키**	**카스텔라네**	**트로피에 리구리**	**아뇰로티**	**라비올리**		**26** 메치 디탈리
35 첼렌타니	**파르팔레 톤데**	**오레키에테**	**누이유**	**토르텔리니**	**라비올로**	**41** 라자냐	**42** 메치 투베티
51 푸실리	**스마일 파스타**	**카사레체**	**로텔레**	**토르텔로니**	**피페 리셰**	**57** 카넬로니	**58** 콘킬리에테

포타주용 파스타

59 베르미첼레	**60** 알파베토	**61** 스텔레테	**62** 콰드레티	**63** 푼타레테	**64** 아넬리니	**65** 기타 등등…

리소토

버섯 초리조 리소토

2 얇게 저민 양송이 버섯 350g
3 팬에 볶은 초리조
　슬라이스 150g

단호박 헤이즐넛 리소토

2 큐브 모양으로 썬 단호박 살 400g
2 큐민가루 1/2 티스푼
2 넛멕 1꼬집
3 헤이즐넛 50g

닭가슴살 채소 리소토

1 깍둑 썬 닭가슴살 300g
2 깍둑 썬 당근 100g
3 신선한 완두콩 100g

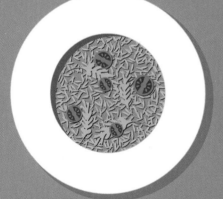

토마토 루콜라 리소토

2 드라이 화이트 와인 100ml
3 반으로 자른 방울 토마토 300g
3 루콜라 2줌
3 깍둑 썬 모차렐라 치즈 100g

케이준 새우 리소토

2 드라이 화이트 와인 100ml
2 케이준 향신료 1 티스푼
3 익혀서 껍질 깐 새우 400g

오징어 먹물 리소토

2 드라이 화이트 와인 100ml
2 오징어 먹물 2 작은 봉지
3 익혀서 링으로 자른 오징어 300g

아스파라거스 프로슈토 리소토

① 길게 토막낸
그린 아스파라거스 1단
③ 얇게 썬 파르마 햄

펜넬 고르곤졸라 리소토

② 얇게 썬 펜넬 1개
③ 깍뚝 썬 고르곤졸라 치즈 250g
③ 시금치 어린 잎 100g

리크 가리비 리소토

① 리크(서양 대파) 흰 부분 3줄기
③ 팬에 익힌 가리비 조개살 250g

만드는 법

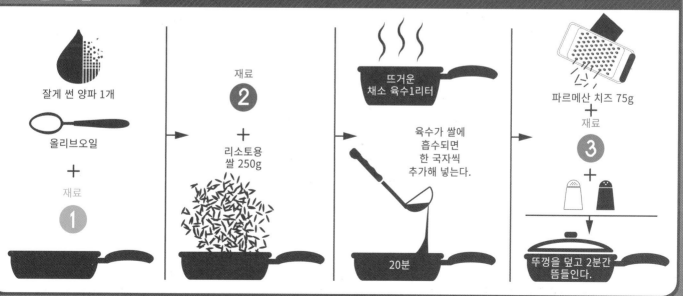

잘게 썬 양파 1개

올리브오일

+

재료
①

재료
②

+

리소토용
쌀 250g

뜨거운
채소 육수 1리터

육수가 쌀에
흡수되면
한 국자씩
추가해 넣는다.

20분

파르메산 치즈 75g

+

재료
③

+

뚜껑을 덮고 2분간
뜸들인다.

치즈 플레이트

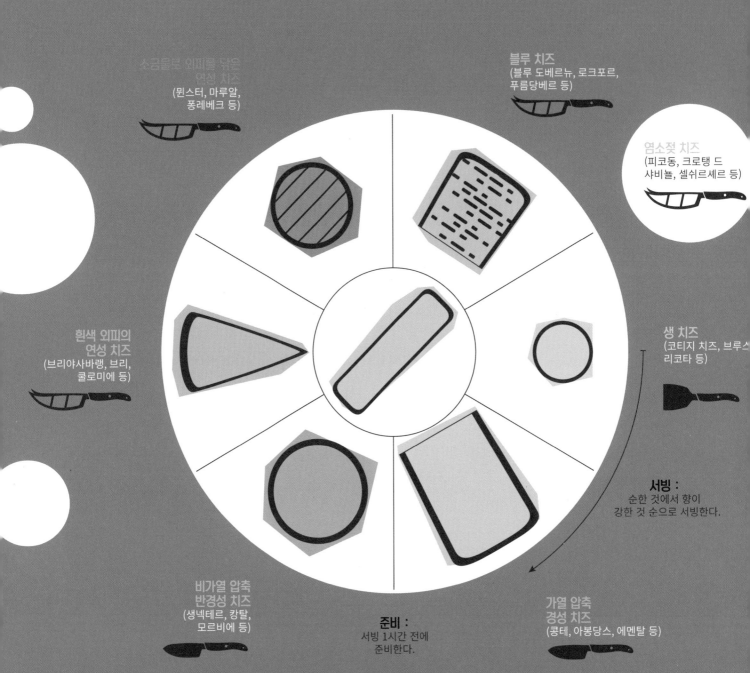

소금물로 외피를 닦은
연성 치즈
(뮌스터, 마루알,
퐁레베크 등)

블루 치즈
(블루 도베르뉴, 로크포르,
푸름당베르 등)

염소젖 치즈
(피코동, 크로탱 드
샤비뇰, 셀쉬르셰르 등)

흰색 외피의
연성 치즈
(브리야사바랭, 브리,
쿨로미에 등)

생 치즈
(코티지 치즈, 브루스
리코타 등)

서빙 :
순한 것에서 향이
강한 것 순으로 서빙한다.

비가열 압축
반경성 치즈
(생넥테르, 캉탈,
모르비에 등)

준비 :
서빙 1시간 전에
준비한다.

가열 압축
경성 치즈
(콩테, 아봉당스, 에멘탈 등)

치즈에 곁들이기 좋은 음식 :

잣, 아몬드 슬라이스, 헤이즐넛, 호두...

건과일류(건무화과, 건포도, 건살구 등...)

신선한 생 과일류 (포도, 체리, 살구, 사과, 무화과...)

잼, 처트니,
모과 페이스트, 꿀...

양념류:
머스터드, 큐민...

신선한 허브류로
장식효과를 낸다.

빵 :
무화과빵, 호두빵, 캉파뉴빵, 잡곡빵...

곁들이는 음료:
레드 와인
풀바디 레드 와인
가벼운 레드 와인
또는 드라이 화이트 와인

테마별 치즈 서빙 바리에이션

지역 특성을 살린 미니 플레이트

코르시카
코르시카 산양젖 톰, 브로치우,
카샹카

사부아
보포르, 페르시예 데 자라비스,
콜롱비에르

오베르뉴
캉탈, 블루 도베르뉴,
브리크 뒤 포레

북부 프랑스
마루알, 미몰레트,
크레메 뒤 캅블랑네

치즈 종류별 모둠 플레이트

염소젖 치즈 플레이트
바뇽, 키베쿠, 생트모르 드 투렌

비가열 압축 반경성 치즈 플레이트
베트말, 포르살뤼, 미몰레트

흰색 외피의 연성 치즈 플레이트
카레 드 레스트, 샤우르스, 카망베르

단독 서빙 플레이트

뮌스터 1개

몽도르 1개

브리 1개

아이스크림 컵

리에주 초콜릿

- 초콜릿 아이스크림 2스쿱
- 초콜릿 소스
- 샹티이 크림
- 초콜릿 스프링클
- 시가렛 롤쿠키 1개

캐리비안 컵

- 패션푸르트 아이스크림
  1 스쿱
- 라임 셔벗 1스쿱
- 코코넛 아이스크림 1스쿱
- 캐러멜라이즈드
  파인애플 1테이블스푼
- 다크 럼 1테이블스푼

푸아르 벨 엘렌

- 바닐라 아이스크림 2스쿱
- 반으로 발라 시럽에
  절인 서양배 2조각
- 초콜릿 소스
- 샹티이 크림

만드는 법

몽블랑

- 밤 크림 1테이블스푼
- 커피 또는 바닐라
아이스크림 2스쿱
- 샹티이 크림
- 작게 자른 마롱 글라세

담 블랑슈

- 바닐라 아이스크림
2스쿱
- 녹인 다크 초콜릿
- 샹티이 크림
- 초콜릿 셰이빙

애프터 에잇

- 민트 초콜릿 아이스크림
2스쿱
- 민트 리큐어 2테이블스푼
- 녹인 다크 초콜릿
- 샹티이 크림

아마레나 컵

- 바닐라 아이스크림 2스쿱
- 시럽에 담근 아마레나 체리 6개
- 체리 리큐어 1테이블스푼
- 샹티이 크림

바나나 스플릿

- 바나나 1개
- 바닐라 아이스크림 1스쿱
- 초콜릿 아이스크림 1스쿱
- 딸기 아이스크림 1스쿱
- 샹티이 크림
- 초콜릿 소스를 가늘게 뿌린다.

페슈 멜바

- 반으로 잘라 시럽에 절인
복숭아 2조각
- 바닐라 아이스크림 2스쿱
- 라즈베리 즐레 2테이블스푼
- 샹티이 크림
- 아몬드 슬라이스 1티스푼

아이스 바

라즈베리
아이스 바

- 프티 스위스 프레시 치즈 4개
- 붉은 베리류 다진 것 500g
- 사탕수수 시럽 4테이블스푼

바나나 초콜릿
아이스 바

- 으깬 바나나 퓌레 2개분
- 크렘 앙글레즈 350g
- 초콜릿 칩 2테이블스푼

민트
아이스 바

- 물 500ml
- 민트 시럽 3~4테이블스푼
- 녹색 식용 색소 몇 방울

석류
아이스 바

- 우유 500ml
- 석류 시럽 3~4테이블스푼
- 붉은색 식용 색소 몇 방울

블랙베리
아이스 바

- 다진 블랙베리 250g
- 아몬드 밀크 300ml
- 메이플 시럽 2테이블스푼

오렌지
아이스 바

- 플레인 요거트 2개
- 오렌지 주스 300ml
- 주황색 식용 색소 몇 방울

파인애플
아이스 바

- 코코넛 밀크 400ml
- 파인애플 과육
  믹서에 간 것 250g
- 아가베 시럽 2테이블스푼

누텔라
아이스 바

- 뜨거운 우유 250ml
- 누텔라 150g
- 달걀 1개

만드는 법

  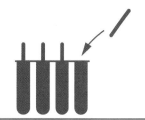 

6시간 ❄

냉동실

트리플

6인분 기준

레드 베리 트리플

크렘 앙글레즈 750ml
+ 휘핑한 크림 500ml

붉은 베리류 믹스 300g

작게 깍둑 썬 붉은 베리류
과일 즐레

깍뚝 썬 제누아즈
스펀지케이크

서양배 로터스 쿠키 트리플

마르카르포네 200g + 프로마주 블랑 200g
+ 슈거파우더 50g

살리두(salidou: 솔티드 버터 캐러멜 크림) 크림 100g

시럽에 절인 서양배 깍둑 썬 것 6개

배 절임 시럽을 뿌려 적신
로터스 쿠키 180g

초콜릿 셰이빙 2 테이블스푼

샹티이 크림 500ml

시럽에 절인 체리 300g

다진 브라우니 200g에
키르슈 1테이블스푼을
뿌려 적신 것

블랙 포리스트 트리플

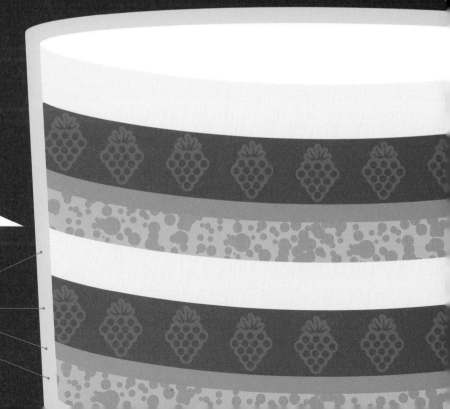

사과 밤 트리플

밤 크림 100g

휘핑한 크림 500ml
+ 바닐라 빈 1줄기분

버터 20g과 황설탕 50g을 넣고
팬에 볶은 깍둑 썬 사과 4개분

버터 비스킷 부순 것 180g

초콜릿 셰이빙
2 테이블스푼

오렌지 초콜릿 트리플

오렌지 과육 속껍질까지 벗긴 것 4개분

요거트 무스 200g + 팽 데피스 향신료 1 티스푼

쿠앵트로 2 테이블스푼을 뿌려 적신 레이디핑거 비스킷 16개

**라즈베리
핑크 비스킷 트리플**

마스카르포네 200g + 프로마주 블랑 200g
+ 레몬즙, 레몬 제스트 1개분 + 슈거파우더 100g

신선한 생 라즈베리 250g

라즈베리 쿨리 100g

렝스 핑크 비스킷 부순 것 12개분

타르트

초콜릿 타르트

- 황설탕 60g
- 파트 브리제 230g 200℃에서 15분
- 생크림 200ml
- 파티스리용 다크초콜릿 녹인 것 300g

❄ 4시간

아몬드 붉은 베리 타르트

- 달걀 2개
- 파트 사블레 230g
- 버터 비스킷 부순 것 20g
- 아몬드 가루 80g
- 비정제 황설탕 100g
- 버터 80g
- 붉은 베리류 과일 450g

200℃에서 30분

범례

- 블라인드 베이킹으로 시트만 미리 구워놓기
- 냉장 보관
- 오븐에서 익히기
- 레시피 시작
- 익힌 후 넣는 재료
- 타르트 시트 위에 붓기 전에 재료를 잘 섞기

살구 피스타치오 타르트

- 무염 피스타치오 굵게 다진 것 30g
- 버터 30g
- 파트 쉬크레 230g
- 아몬드 가루 50g
- 비정제 황설탕 100g
- 신선한 살구를 반으로 잘라 씨를 뺀 것 6(

210℃에서 30분

애플 타르트

- 바닐라 슈거 10g
- 버터 30g
- 파트 브리제 230g
- 얇게 저며 썬 사과 300g
- 사과 콩포트 350g

210℃에서 30분

라즈베리 타르트

- 슈거파우더 20g
- 라즈베리 즐레 20g
- 파트 사블레 230g
- 신선한 생 라즈베리 500g
- 크렘 파티시에 250g

200℃에서 12분

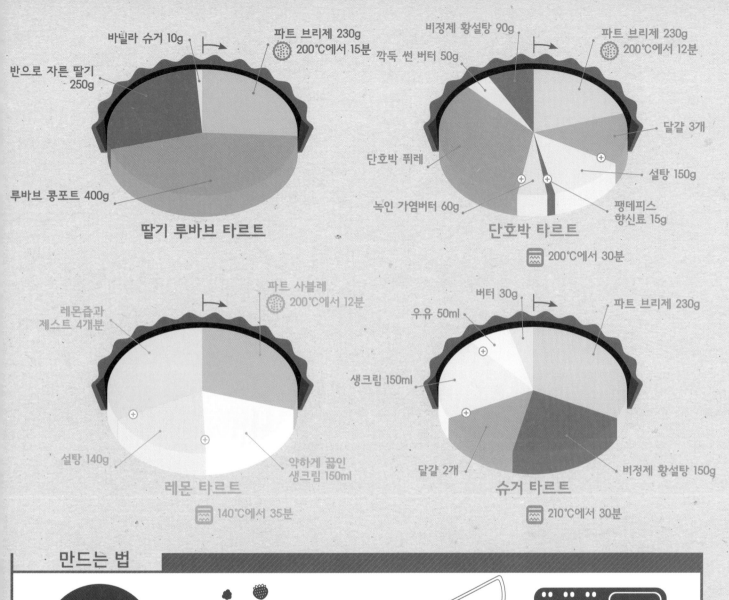

딸기 루바브 타르트

- 바닐라 슈거 10g
- 파트 브리제 230g
  200℃에서 15분
- 반으로 자른 딸기 250g
- 루바브 콩포트 400g

단호박 타르트

- 비정제 황설탕 90g
- 파트 브리제 230g
  200℃에서 12분
- 깍둑 썬 버터 50g
- 달걀 3개
- 단호박 퓌레
- 설탕 150g
- 녹인 가염버터 60g
- 팽데피스 향신료 15g

200℃에서 30분

레몬 타르트

- 레몬즙과 제스트 4개분
- 파트 사블레
  200℃에서 12분
- 설탕 140g
- 약하게 끓인 생크림 150ml

140℃에서 35분

슈거 타르트

- 버터 30g
- 우유 50ml
- 파트 브리제 230g
- 생크림 150ml
- 달걀 2개
- 비정제 황설탕 150g

210℃에서 30분

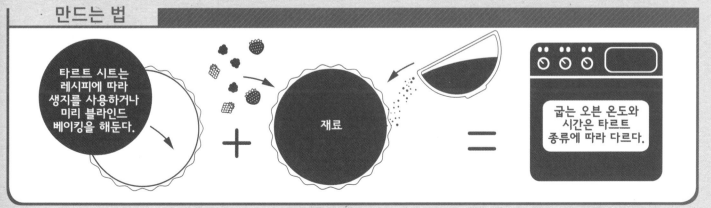

만드는 법

타르트 시트는 레시피에 따라 생지를 사용하거나 미리 블라인드 베이킹을 해둔다.

+ 재료 = 굽는 오븐 온도와 시간은 타르트 종류에 따라 다르다.

요거트 케이크

YA
OURT

계피가루
1 티스푼

깍뚝
썬 서양배
2개분

건포도
30g

+

+

+

깍뚝 썬
사과
2개분

+

시럽에
담근 파인
애플 링 슬라
이스 6~8
조각

호두
30g

+

씨를 뺀
체리
500g

+

+

둥글게
썬 바나나
2개분

버터 20g,
설탕 2 테이블
스푼을
넣고 볶는다.

바닐라
슈거
1봉지

과일 요거트 케이크

+

바닐라 에센스
1 티스푼

+

바닐라 요거트 케이크

+

레몬
커드 크림
4 테이블
스푼

바닐라빈
1줄기를
길게 갈라
긁어낸다.

+

레몬
제스트
1개분

+

레몬 요거트 케이크

레몬 껍질
콩피 다진 것
40g

+

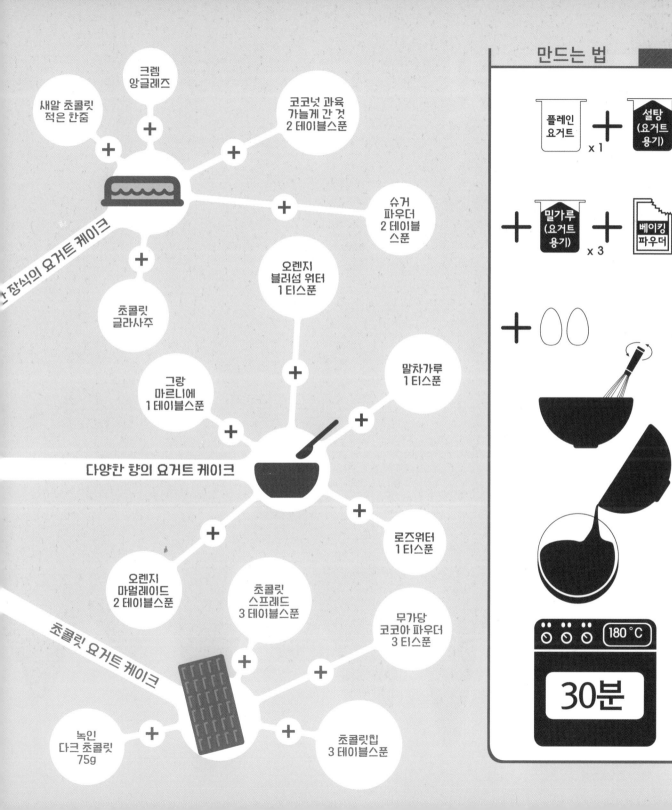

크렘
앙글레즈

새알 초콜릿
적은 한줌

코코넛 과육
가늘게 간 것
2 테이블스푼

+

+

+

슈거
파우더
2 테이블
스푼

+

장식의 요거트 케이크

+

초콜릿
글라사주

오렌지
블러섬 워터
1 티스푼

+

말차가루
1 티스푼

그랑
마르니에
1 테이블스푼

+

다양한 향의 요거트 케이크

+

로즈워터
1 티스푼

+

오렌지
마멀레이드
2 테이블스푼

초콜릿
스프레드
3 테이블스푼

무가당
코코아 파우더
3 티스푼

초콜릿 요거트 케이크

+

+

녹인
다크 초콜릿
75g

+

초콜릿칩
3 테이블스푼

만드는 법

플레인
요거트
x 1

+

설탕
(요거트
용기)
x 2

+

밀가루
(요거트
용기)
x 3

+

베이킹
파우더
1/2

+

180°C

30분

초콜릿

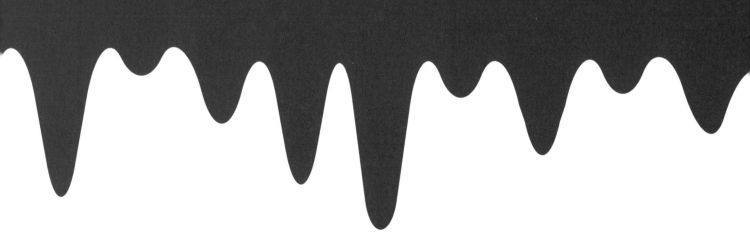

죄송합니다. 저희가 다 먹었어요.

복면 초콜릿 마니아 일동

초콜릿②

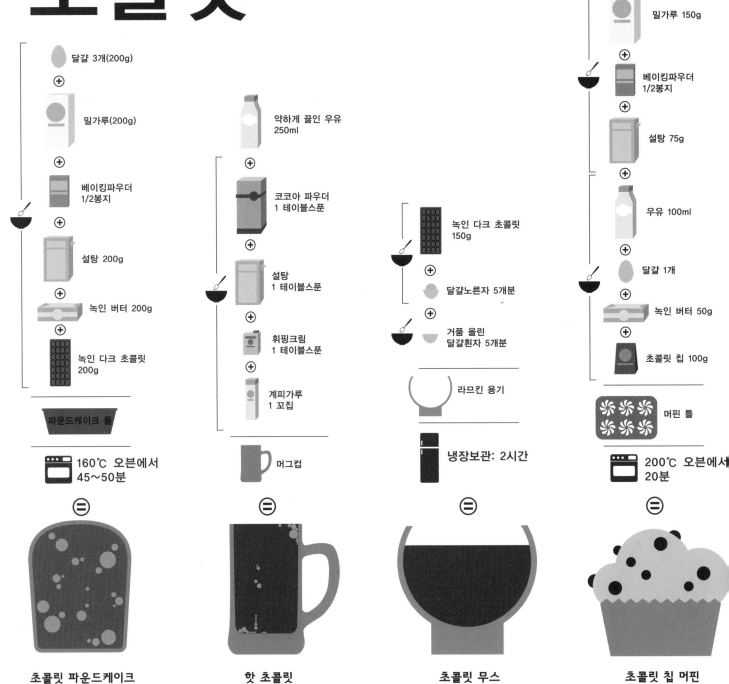

달걀 3개(200g)
➕
밀가루(200g)
➕
베이킹파우더 1/2봉지
➕
설탕 200g
➕
녹인 버터 200g
➕
녹인 다크 초콜릿 200g

파운드케이크 틀

160℃ 오븐에서 45~50분

＝

초콜릿 파운드케이크

약하게 끓인 우유 250ml
➕
코코아 파우더 1 테이블스푼
➕
설탕 1 테이블스푼
➕
휘핑크림 1 테이블스푼
➕
계피가루 1 꼬집

머그컵

＝

핫 초콜릿

녹인 다크 초콜릿 150g
➕
달걀노른자 5개분
➕
거품 올린 달걀흰자 5개분

라므킨 용기

냉장보관: 2시간

＝

초콜릿 무스

밀가루 150g
➕
베이킹파우더 1/2봉지
➕
설탕 75g
➕
우유 100ml
➕
달걀 1개
➕
녹인 버터 50g
➕
초콜릿 칩 100g

머핀 틀

200℃ 오븐에서 20분

＝

초콜릿 칩 머핀

농담이었습니다 !

복면 초콜릿 마니아 일동

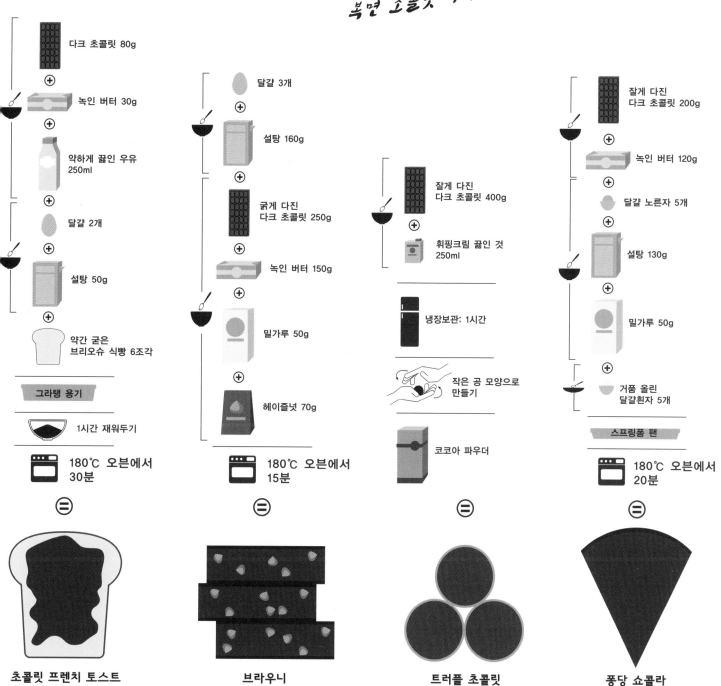

다크 초콜릿 80g
(+)
녹인 버터 30g
(+)
약하게 끓인 우유 250ml
(+)
달걀 2개
(+)
설탕 50g
(+)
약간 굳은 브리오슈 식빵 6조각

그라탱 용기

1시간 재워두기

180℃ 오븐에서 30분

=

초콜릿 프렌치 토스트

달걀 3개
(+)
설탕 160g
(+)
굵게 다진 다크 초콜릿 250g
(+)
녹인 버터 150g
(+)
밀가루 50g
(+)
헤이즐넛 70g

180℃ 오븐에서 15분

=

브라우니

잘게 다진 다크 초콜릿 400g
(+)
휘핑크림 끓인 것 250ml

냉장보관: 1시간

작은 공 모양으로 만들기

코코아 파우더

=

트러플 초콜릿

잘게 다진 다크 초콜릿 200g
(+)
녹인 버터 120g
(+)
달걀 노른자 5개
(+)
설탕 130g
(+)
밀가루 50g
(+)
거품 올린 달걀흰자 5개

스프링폼 팬

180℃ 오븐에서 20분

=

퐁당 쇼콜라

쿠키

쿠키 20개 분량

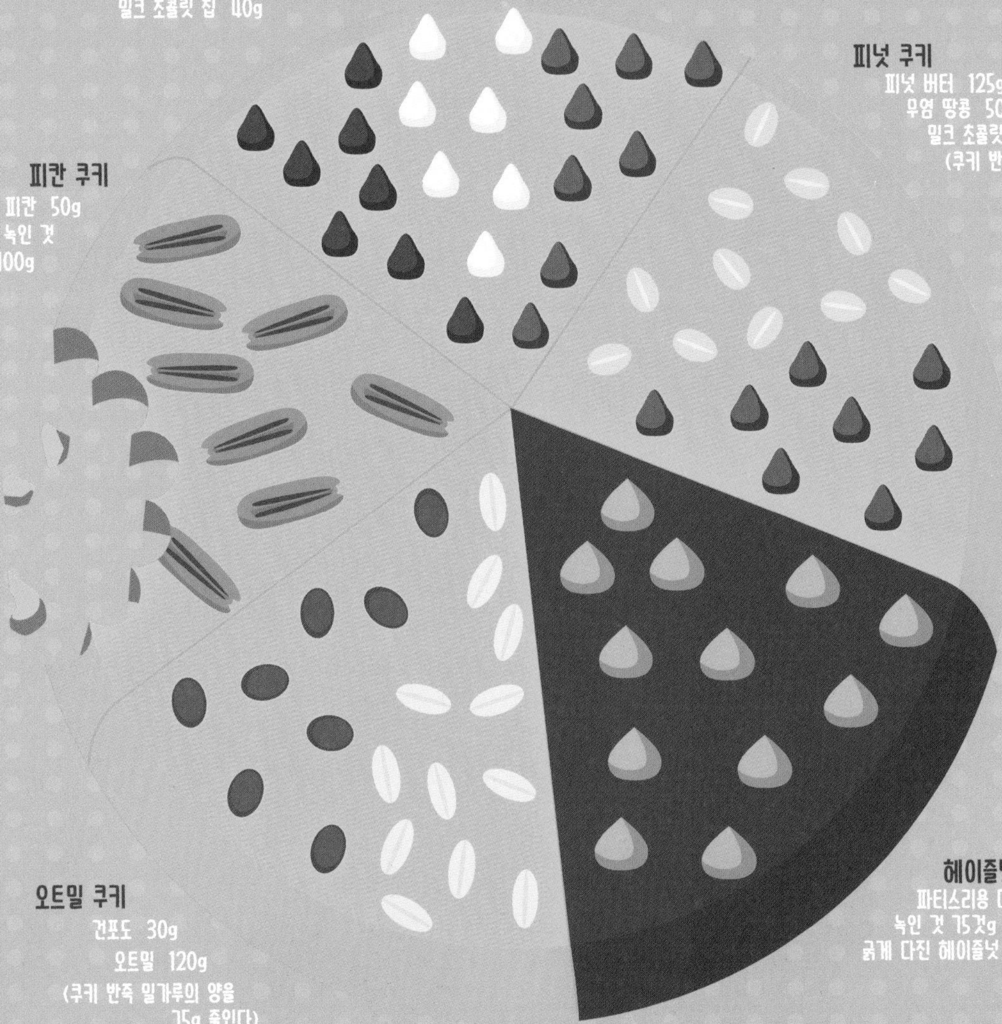

트리플 초콜릿 칩 쿠키

다크 초콜릿 칩 40g
화이트 초콜릿 칩 40g
밀크 초콜릿 칩 40g

피칸 쿠키

피칸 50g
프랄린 초콜릿 녹인 것
100g

피넛 쿠키

피넛 버터 125g
무염 땅콩 50g
밀크 초콜릿 칩 50g
(쿠키 반죽 버터의 양을 30g 줄인다)

오트밀 쿠키

건포도 30g
오트밀 120g
(쿠키 반죽 밀가루의 양을
75g 줄인다)

헤이즐넛 쿠키

파티스리용 다크 초콜릿
녹인 것 75갓g
굵게 다진 헤이즐넛 50g

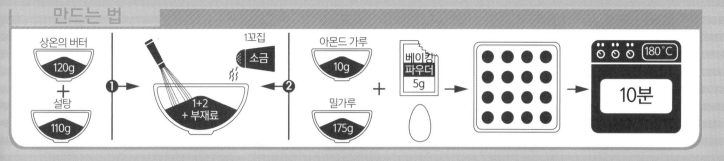

만드는 법

상온의 버터 120g + 설탕 110g ① 1+2 + 부재료 ② 소금 1꼬집

아몬드 가루 10g + 밀가루 175g + 베이킹 파우더 5g

180°C 10분

M&M's® 쿠키
M&M's® 미니 초콜릿 칩 80g

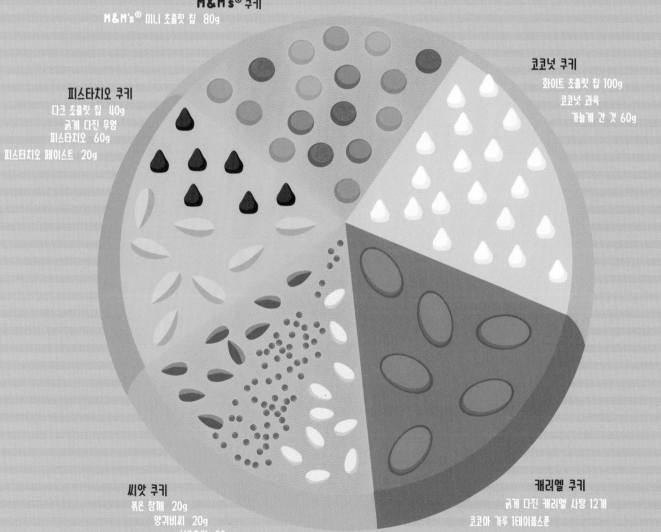

피스타치오 쿠키
다크 초콜릿 칩 40g
굵게 다진 무염
피스타치오 60g
피스타치오 페이스트 20g

코코넛 쿠키
화이트 초콜릿 칩 100g
코코넛 과육
가늘게 간 것 60g

씨앗 쿠키
볶은 참깨 20g
양귀비씨 20g
선옹초씨 20g

캐러멜 쿠키
굵게 다진 캐러멜 사탕 12개
코코아 가루 1테이블스푼

와플

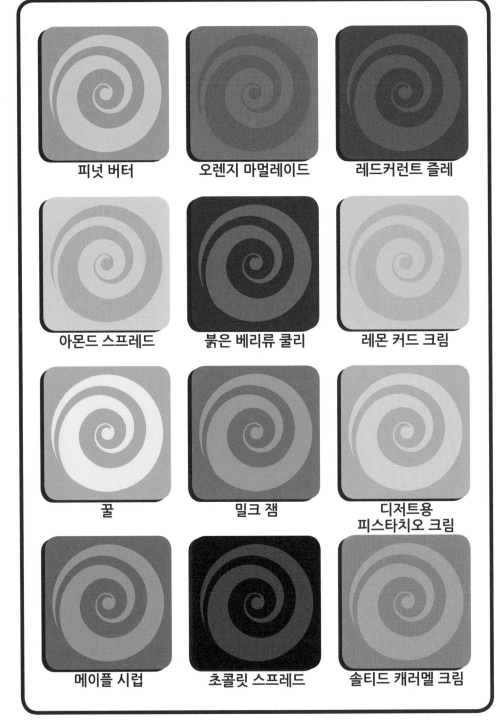

피넛 버터

오렌지 마멀레이드

레드커런트 즐레

아몬드 스프레드

붉은 베리류 쿨리

레몬 커드 크림

꿀

밀크 잼

디저트용
피스타치오 크림

메이플 시럽

초콜릿 스프레드

솔티드 캐러멜 크림

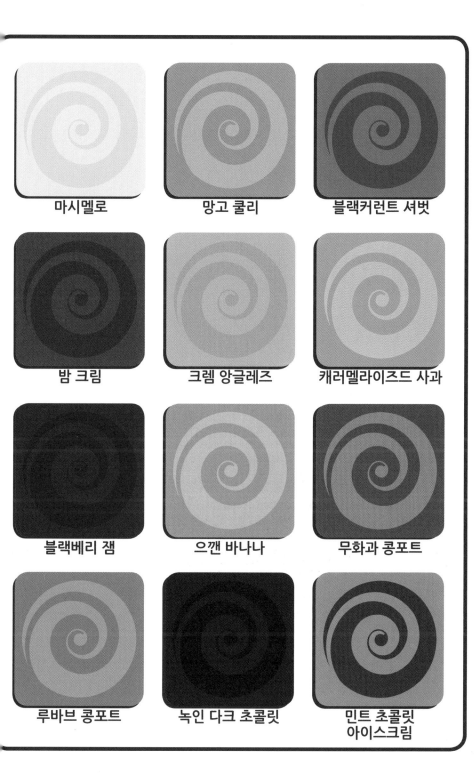

마시멜로

망고 쿨리

블랙커런트 셔벗

밤 크림

크렘 앙글레즈

캐러멜라이즈드 사과

블랙베리 잼

으깬 바나나

무화과 콩포트

루바브 콩포트

녹인 다크 초콜릿

민트 초콜릿
아이스크림

만드는 법

베이킹
파우더
11 g

바닐라
슈거
11 g

밀가루
275g

소금

우유
350ml

양면 각 2분씩

머그 케이크

머그 케이크 1개 분량

라즈베리 머그 케이크

라즈베리
머그 케이크
〰 45초

- 라즈베리
- 레몬즙
- 설탕
- 식물성 기름
- 밀가루
- 휘핑크림

레몬 머그 케이크

레몬
머그 케이크
〰 1분 10초

- 양귀비씨
- 녹인 버터
- 달걀
- 설탕
- 레몬즙
- 밀가루

퐁당 오 쇼콜라 머그 케이크

퐁당 오 쇼콜라
머그 케이크
〰 1분

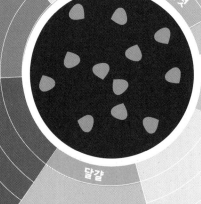

- 밀가루
- 굵게 다진 헤이즐넛
- 달걀
- 녹인 버터
- 파티스리용 다크 초콜릿 녹인 것
- 비정제 황설탕

도표상의 1간 분량

- = 고체 재료 5g
- = 액체 재료 1 테이블스푼
- = 작은 달걀 1개

〰 조리시간

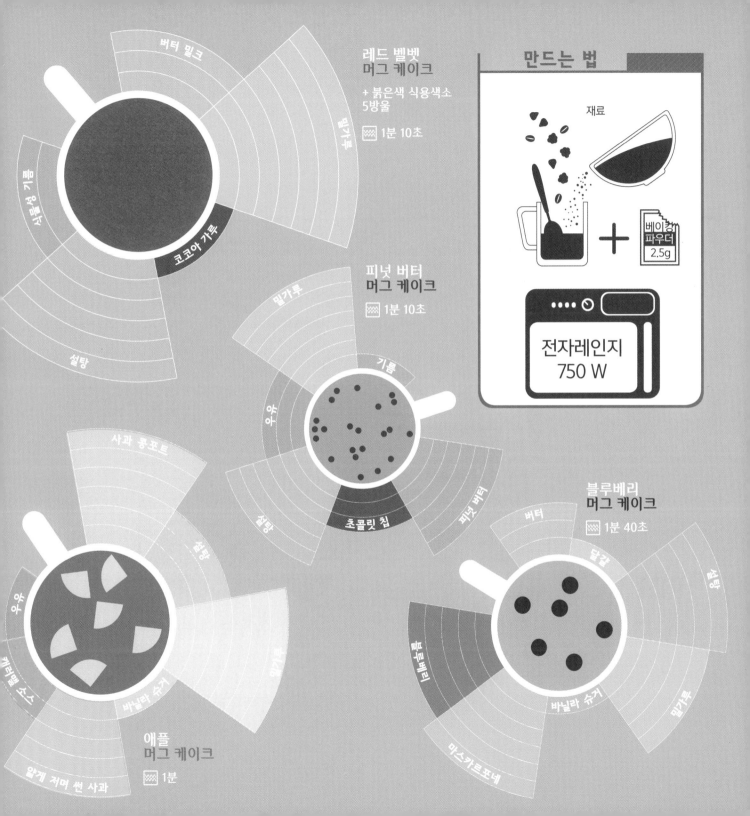

버터 밀크

레드 벨벳
머그 케이크

+ 붉은색 식용색소
5방울

🌊 1분 10초

밀가루

식물성 기름

코코아 가루

설탕

만드는 법

재료

베이킹
파우더
2.5g

전자레인지
750 W

밀가루

피넛 버터
머그 케이크

🌊 1분 10초

기름

우유

설탕

초콜릿 칩

피넛 버터

사과 콩포트

블루베리
머그 케이크

🌊 1분 40초

버터

설탕

달걀

우유

설탕

블루베리

설탕

캐러멜 소스

밀가루

바닐라 슈거

바닐라 슈거

밀가루

애플
머그 케이크

🌊 1분

얇게 저며 썬 사과

마스카르포네

컵 케이크

컵 케이크 12개 분량

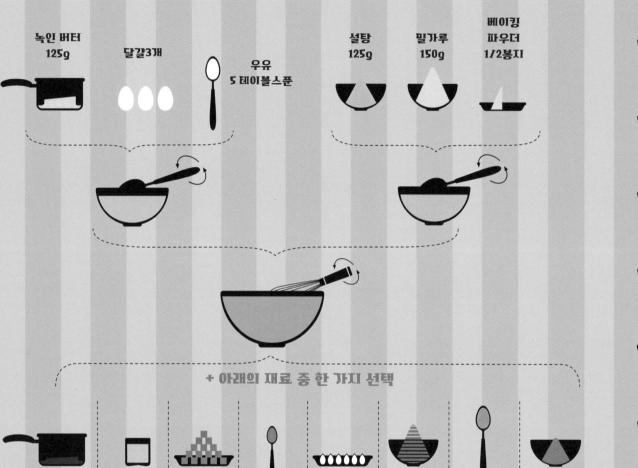

녹인 버터 125g / **달걀 3개** / **우유 5 테이블스푼** / **설탕 125g** / **밀가루 150g** / **베이킹 파우더 1/2봉지**

+ 아래의 재료 중 한 가지 선택

녹인 초콜릿 80g / 레몬즙 1개분 / 깍뚝 썰어 팬에 볶은 사과 2개 / 말차 가루 2 티스푼 / 바닐라빈 1줄기분 / 가늘게 간 당근 150g / 살구잼 4 테이블 스푼 / 피스타치오 페이스트 50g

혼합한 반죽을 컵 케이크 종이틀에 붓는다.

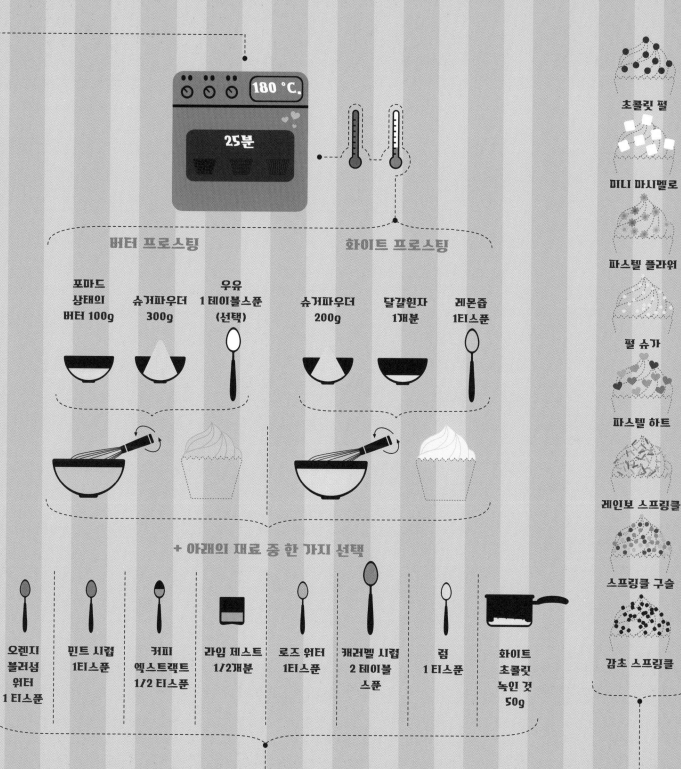

180 °C.

25분

버터 프로스팅

포마드
상태의
버터 100g

슈거파우더
300g

우유
1 테이블스푼
(선택)

화이트 프로스팅

슈거파우더
200g

달걀흰자
1개분

레몬즙
1티스푼

+ 아래의 재료 중 한 가지 선택

오렌지
블러섬
워터
1 티스푼

민트 시럽
1티스푼

커피
엑스트랙트
1/2 티스푼

라임 제스트
1/2개분

로즈 워터
1티스푼

캐러멜 시럽
2 테이블
스푼

럼
1 티스푼

화이트
초콜릿
녹인 것
50g

초콜릿 펄

미니 마시멜로

파스텔 플라워

펄 슈가

파스텔 하트

레인보 스프링클

스프링클 구슬

감초 스프링클

밀크 셰이크

밀크 셰이크 1잔 : 샹티이 크림, 휘핑한 크림을 제외한 모든 재료를 넣고 믹서에 간다.
1 딸기 밀크 셰이크 : 우유 200ml / 바닐라 아이스크림 1 스쿱 / 꼭지를 딴 딸기 75g / 바닐라 에센스 2방울 / 샹티이 크림
2 커피 밀크 셰이크 : 우유 200ml / 커피 아이스크림 2 스쿱 / 차가운 커피 2 테이블스푼 / 휘핑한 크림 / 무가당 코코아 가루
3 망고 밀크 셰이크 : 코코넛 밀크 150ml / 바닐라 아이스크림 1 스쿱 / 코코넛 아이스크림 1 스쿱 / 껍질을 벗기고 잘게 다진 망고 1/2개 / 꿀 1 테이블스푼

4 피스타치오 밀크 셰이크 : 우유 200ml / 피스타치오 아이스크림 2 스쿱 / 초콜릿 소스 / 샹티이 크림 / 굵게 다진 무염 피스타치오
5 누텔라 밀크 셰이크 : 우유 200ml / 누텔라 3 테이블스푼 / 연유 1 테이블스푼 / 얼음 3조각
6 바나나 밀크 셰이크 : 우유 150ml / 바닐라 아이스크림 2 스쿱 / 껍질 벗긴 바나나 1개 / 비정제 황설탕 1 테이블스푼 / 계피가루 1 꼬집 / 샹티이 크림
7 복숭아 밀크 셰이크 : 우유 200ml / 바닐라 아이스크림 1 스쿱 / 껍질을 벗기고 잘게 다진 복숭아 1개 / 다진 민트 잎 3장 / 레몬즙 1 테이블스푼 /
    설탕 1 테이블스푼

커피-Café

에스프레소 30ml
더블 에스프레소 60ml
리스트레토 22ml
룽고 90ml

카페 마키아토
- 에스프레소 60ml
- 우유 거품 1스푼

카페 멜랑지
- 에스프레소 60ml
- 휘핑한 크림 1스푼

커피 크림
- 에스프레소 60ml
- 헤비크림 30ml

카페 누아제트
- 에스프레소 60ml
- 뜨거운 우유 30ml

카페 코르타도
- 에스프레소 60ml
- 스팀 거품 낸 우유 30ml

카푸치노
- 에스프레소 60ml
- 차가운 우유 60ml
- 스팀 거품 낸 우유 60ml

드라이 카푸치노
- 에스프레소 60ml
- 우유 거품 120ml

아메리카노
- 에스프레소 60ml
- 뜨거운 물 90ml

작은 컵
(90ml)

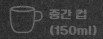 중간 컵
(150ml)

 큰 컵
(360ml)

 커피 볼
(360ml)

 커피 글라스
(250ml)

아이스 커피
- 에스프레소 60ml
- 얼음 2조각

모카
- 에스프레소 60ml
- 핫 초콜릿 60ml
- 스팀 거품 낸 우유 30ml

아포가토
- 에스프레소 60ml
- 바닐라 아이스크림
  1스쿱

비엔나 커피
- 에스프레소 60ml
- 뜨거운 우유 60ml
- 휘핑한 크림 60ml

카페 콘파냐
- 에스프레소 60ml
- 휘핑한 크림 90ml

카페 라테
- 에스프레소 60ml
- 스팀 거품 낸 우유
  300ml
- 우유 거품 20ml

카페 콘 레체
- 드립 커피 180ml
- 끓인 우유 180ml

카페 오레
- 에스프레소 150ml
- 스팀 거품 낸 우유
  150ml

아이리시 커피
- 에스프레소 100ml
- 스카치 위스키 50ml
- 각설탕 2조각
- 휘핑한 크림 50ml

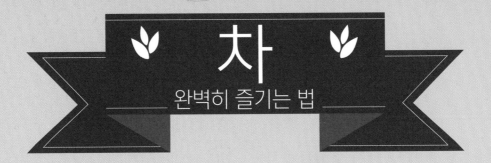

차
완벽히 즐기는 법

1 물

수돗물	미네랄 워터	생수
☒ yes (필터로 거른다) ☐ no	☐ yes ☒ no	 ☒ yes ☐ no

2 찻잎의 양

물 100ml당 2g   물 200ml당 4g

3 우려내는 온도와 시간

백차

🌡 65-70℃
🕐 5-10분

일본 녹차

🌡 60-75℃
🕐 2-4분

중국 녹차

🌡 75-80℃
🕐 3-4분

황차

🌡 70-75℃
🕐 5-6분

우롱차

🌡 80-85℃
🕐 4-6분

홍차

🌡 90-95℃
🕐 5분

흑차

🌡 90-95℃
🕐 3-5분

훈제차

🌡 90-95℃
🕐 4-5분

맛있는 차 레시피

차이 마살라

계피 • 그린 카다멈
• 정향 • 검은 통후추 • 생강
• 블랙 티 • 우유 • 각설탕

러시안 티

훈제차 • 황설탕
• 오렌지 껍질 제스트
• 레몬 슬라이스

카슈미르 로즈 티

카슈미르산 그린티
• 베이킹소다 • 카다멈
• 우유 • 소금 • 굵게 다진
아몬드 • 굵게 다진 피스타치오

민트 티

그린 티 • 민트 잎
• 각설탕

잉글리시 티

베르가모트 향 블랙 티
• 각설탕 • 우유

아이스 티

블랙 티 • 레몬 껍질 제스트
• 각설탕
• 레몬 슬라이스 2조각 • 얼음

언제나 사랑받는 클래식 칵테일

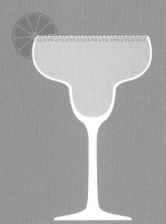

마가리타
- 데킬라 80ml
- 트리플섹 40ml
- 라임즙 60ml
- 얼음

블러드 메리
- 토마토 주스 80ml
- 보드카 20ml
- 우스터 소스 1대시
- 셀러리솔트 1꼬집

맨해튼
- 레드 베르무트 25ml
- 라이 위스키 45ml
- 앙고스투라 비터 1대시
- 얼음

모히토
- 라임 과육 4조각
- 민트 잎 12장
- 사탕수수 시럽 20ml
- 화이트 럼 70ml
- 부순 얼음
- 탄산수

화이트 러시안
- 보드카 90ml
- 칼루아 리큐어 30ml
- 생크림 20ml
- 우유 10ml
- 얼음

블루 라군
- 보드카 60ml
- 레몬즙 30ml
- 블루 큐라소 10ml
- 얼음

쿠바 리브레
- 럼 50ml
- 콜라 120ml
- 라임즙 1/2개분
- 라임 슬라이스 1조각

뱅쇼
- 레드와인 150ml
- 코냑 30ml
- 정향 1개
- 계피가루 1꼬집
- 설탕 2티스푼

 20분

카이피리냐

- 위스키 글라스
- 레몬 과육 5조각
- 설탕 2티스푼

- 부순 얼음
- 카차차 50ml

테킬라 선라이즈

- 오렌지 주스 120ml
- 테킬라 60ml
- 얼음

- 석류 시럽 20ml

코스모폴리탄

- 보드카 40ml
- 트리플섹 20ml
- 크랜베리 주스 20ml
- 라임즙 10ml
- 얼음

키르

- 부르고뉴 알리고테 화이트 와인 120ml
- 크렘 드 카시스 1티스푼

하비 월뱅어

- 보드카 40ml
- 오렌지 주스 120ml
- 얼음

- 갈리아노 리큐어 20ml

그래스호퍼

- 그린 민트 리큐어 30ml
- 화이트 카카오 리큐어 30ml
- 생크림 30ml
- 얼음

피냐 콜라다

- 파인애플 주스 80ml
- 화이트 럼 40ml
- 코코넛 리큐어 40ml
- 얼음

파티 다음 날

- 아스피린 1알
- 물 150ml

샴페인 베이스의

벨리니
Bellini
- 사탕수수 시럽 1대시
- 복숭아 퓌레 40ml
- 샴페인 80ml

샴페인 칵테일
Champagne cocktail
- 코냑 20ml
- 샴페인 100ml
- 황설탕 한 조각에 앙고스투라 비터 3대시를 뿌려 적신 것

미모사
Mimosa
- 트리플섹 1티스푼
- 오렌지 주스 80ml
- 샴페인 40ml

데스 인 디 애프터눈
Death in the afternoon
- 압생트 30ml
- 샴페인 90ml

칵테일

레몬즙 10ml

오렌지 주스 30ml

석류 시럽 1대시

샴페인 80ml

바르보타주
Barbotage

기네스 맥주 60ml

삼페인 60ml

블랙 벨벳
Black velvet

크렘 드 카시스 20ml

샴페인 100ml

**키르
루아얄**
Kir royal

레몬즙 1대시

코냑 30ml

석류 시럽 10ml

석류 시럽 80ml

픽미업
Pick me up

편집부 엮음, 칵테일 레시피 제2판, 출판사

샷 SHOTS 슈터

우우
크랜베리 주스 30ml
피치트리 슈냅스 15ml
보드카 15ml

Woo woo

카미카제
보드카 40ml
쿠엠트로 20ml
레몬즙 10ml

Kamikaze

블루 카미카제
보드카 20ml
블루 큐라소 20ml
라임즙 20ml

Blue
Kamikaze

블랙 러시안
보드카 40ml
갈루아 리큐어 20ml

Black
Russian

알라바마 슬래머
아마레토 20ml
피자 리큐어 20ml
슬로진 20ml
레몬즙 1대시

Alibama
slammer

러시안 쿠엘루드
갈리아노 리큐어 20ml
그린 샤르트뢰즈 리큐어 20ml
보드카 20ml

Russian
Quaalude

키스 쿨 멘톨
민트 리큐어 30ml
아니제트 리큐어 30ml

Kiss cool
menthol

레몬 드롭
레몬 보드카 30ml
리몬첼로 30ml
레몬즙 1대시
레몬 시럽 1대시

Lemon
drop

퍼플 헤이즈
보드카 40ml
쿠엠트로 1대시
레몬즙 1대시
블랙베리 리큐어 1대시
(마지막에 직접 잔에
넣는다)

Purple haze

셰이킹 슈터
재료를 얼음과 함께 모두 셰이커에 넣고 재빨리 흔들어 섞은 다음 샷 잔에 따른다.

B-52
그랑 마르니에 20ml
베일리즈 20ml

B-52

아이리시 플래그
오렌지 리큐어 20ml
베일리즈 20ml
크렘 드 망트 20ml

Irish Flag

QF
베일리즈 25ml
깔루아 리큐어 25ml
멜론 리큐어 10ml

QF

베이비 기네스
베일리즈 20ml
깔루아 리큐어 40ml

Baby
Guinness

B4-12
바닐라 보드카 20ml
베일리즈 20ml
메이레즈 20ml

B4-12

ABC
상보르 라즈베리 리큐어
또는 블랙베리 리큐어 20ml
베일리즈 20ml
코냑 20ml

ABC

테라즈 폴스카
애플 주스 2방울
보드카 30ml
라즈베리 시럽 20ml

Teraz
Polska

바주카 조
큐라소 10ml
베일리즈 30ml
보드카 20ml

Bazooka
Joe

데프 니즈
그랑 마르니에 20ml
초콜릿 슈냅스 20ml
민트 리큐어 20ml

Deaf knees

지나친 음주는 건강에 해로우며, 임재부의 음주는 기형아 출산의 원인이 됩니다.

레이어드 슈터
바 스푼으로 조심스럽게 재료를 샷 잔에 넣어 층을 만든다.

Cuisiner sans recette
© 2015, Hachette Livre (Hachette Pratique), Paris.

Author : Bertrand Loquet, Anne-Laure Estèves
Korean edition arranged through Bestun Korea Agency
Korean Translation Copyright © ESOOP Publishing Co., Ltd., 2018
All rights reserved.

이 도서의 국립중앙도서관 출판예정도서목록(CIP)은 서지정보유통지원시스템
홈페이지(http://seoji.nl.go.kr)와 국가자료공동목록시스템(http://www.nl.go.kr/kolisnet)에서
이용하실 수 있습니다.(CIP제어번호: CIP2018000123)

인포그래픽 요리책
레시피 없이 만드는 서양 요리와 디저트

1판 1쇄 발행일 2018년 2월 1일
저   자 : 베르트랑 로케, 안 로르 에스테브
번   역 : 강현정
발행인 : 김문영
디자인 : 김미리
펴낸곳 : 시트롱마카롱
등   록 : 제2014-000153호
주   소 : 서울시 중구 장충단로 8가길 2-1
페이지 : www.facebook.com/CimaPublishing
이메일 : macaron2000@daum.net
ISBN : 979-11-953854-6-1 03590